园林行业职业技能培训系列教材

假 山 工

卜复鸣 主编

中国建筑工业出版社

图书在版编目（CIP）数据

假山工 / 卜复鸣主编 .—北京：中国建筑工业出版社，2020.1（2024.7重印）
园林行业职业技能培训系列教材
ISBN 978-7-112-25778-2

Ⅰ.①假… Ⅱ.①卜… Ⅲ.①叠石-职业培训-教材 Ⅳ.①TU986.44

中国版本图书馆 CIP 数据核字（2020）第 266470 号

责任编辑：张　健　杜　洁　张伯熙　杨　杰
责任校对：张　颖

园林行业职业技能培训系列教材
假　山　工
卜复鸣　主编
*
中国建筑工业出版社出版、发行（北京海淀三里河路9号）
各地新华书店、建筑书店经销
北京建筑工业印刷厂制版
建工社（河北）印刷有限公司印刷
*
开本：787毫米×1092毫米　1/16　印张：11　字数：275千字
2021年5月第一版　2024年7月第二次印刷
定价：**38.00**元
ISBN 978-7-112-25778-2
（36670）

园林行业职业技能培训系列教材

丛书编委会

本书编委会

主　编：卜复鸣

副主编：袁佳旻　王惠康

编　委：（按姓氏拼音为序）

卜复鸣　葛长洪　胡建新　马忆君

沈年华　王惠康　吴文胜　谢兰曼

袁佳旻　周　益　张伟龙

审　校：张伟龙（苏州园林股份发展有限公司）

主编单位：苏州旅游与财经高等职业技术学校

苏州园林股份发展有限公司

苏州苏派古建筑园林研究院

前　言

假山是中国园林的主要特征之一。

中国园林发轫极早，而园林中的假山几乎与中国园林的发展相辅相成。造园中有关假山的描述常散见于各种典籍之中，而其称谓也不尽相同，主要有叠（迭）山、筑山、构山、垒（累、磊）山、造山、掇山等。秦汉时期常称“筑土为山”、“构石为山”“采土筑山”等。筑山与穿池是造园的另一种说辞，如南北朝时期,《隋书》记载北齐后主高纬“于仙都苑穿池筑山，楼殿间起，穷华极丽。”《陈书》记述裴忌辞官不就:“乃筑山穿池，植以卉木，居处其中，有终焉之志。”

叠山，其意为叠造假山或层叠之山。叠山一词用于造园中，最晚也在北宋，宋吴处厚《青箱杂记》中记载: 宋仁宗时，内臣孙可久“都下有第居，堂北有小园，城南有别墅”。石曼尝过其居，题诗中有“叠山资远意，让俸买闲名”之句咏之。明代田汝成《西湖游览志》:“……独洪静夫家者最盛，皆工人陆氏所叠也。堆垛峰峦，坳折涧壑，绝有天巧，号陆叠山”等。

假山一词，作为近现代的通俗用语，最早大约出现于唐代，如杜甫《假山·序》所云:“天宝初，南曹小司寇舅于我太夫人堂下，垒土为山，一匮盈尺，以代彼朽木，承诸焚香瓷瓯，瓯甚安矣。旁植慈竹，盖兹数峰，嵚岑婵娟，宛有尘外致。”郑谷《西蜀净众寺七祖院小山》:“峨嵋咫尺无人去，却向僧窗看假山”等，假山专指人工堆叠或仿造的山体，包括以土、石为材料的筑土为山、叠石为山以及以木代山或泥塑山形之类的作品，而苏州一带所指的“假山”则常指叠石为山了。

掇山，明代计成在《园冶》中有“掇山”一篇，具体而详细地论述了园林假山的施工与造型的全过程，而“掇”字吴方言发音如“叠”,《园冶》中的“掇山”“掇假山”“掇小山”“掇小景”“掇石”等，专指叠石为山，但从《园冶》中与“掇山”一词相替用的多为“堆”字，如“选石”篇:“是石堪堆，便山可采”;“园说”篇:“岩峦堆劈石，参差半壁大痴”;“立基”篇:“开土堆山，沿池驳岸”等，“堆”既用于堆土为山，也常用于叠石为山。苏州一带也因“堆”“垒”“累”发音相近，而常混用不分，如明王省曾《吴风录》:“而朱勔子孙居虎丘之麓，尚以种艺垒山为业，游于王侯之门，俗呼为花园子。”垒山即为掇山了。《园冶》中除了“掇山”一词外，尚有“理假山”“理山”“理石”等表示堆叠假山，但“理”字更多的是指布局、造型等。

随着时代的发展，20 世纪出现了塑山、塑石工艺，标志着我国叠山技艺发展到了一个新的阶段。新材料、新工艺的出现应该是当代风景园林创新发展的趋势之一，气势磅礴而富有极强艺术感染力的大型塑石假山为保护生态、促进生态文明建设有着特定的意义和价值。

本教材所称的假山是指用人工再造的山形景物的通称，包括传统假山和当代人工塑山。作为汲取中国传统山水绘画理论和传统技法，结合工程技术所形成的一门专门的假山工艺，假山工必须具备专门的理论知识和必备的技术技能，以及熟悉本岗位所涉及的相关法律、法规、标准、规定和安全知识。

本教材依据中华人民共和国住房和城乡建设部颁布的《园林行业职业技能标准》CJJ/T 237—2016 要求编写。参与编写的有卜复鸣（第 1 章、第 2 章、第 3 章、第 4 章、第 6 章 6.2、第 7 章、第 8 章 8.1、第 9 章）、袁佳旻（第 5 章、第 8 章 8.2、第 10 章、第 11 章）、马忆君（第 6 章 6.1）。插图由王惠康绘制，最后由卜复鸣统稿；教材中图片除注明外，均为卜复鸣拍摄。

目　录

第1篇　理论知识

第2篇　操作技能

第1篇

理论知识

第1章　园林假山概述

1.1　假山简史

石是山之骨。当猿人第一次把石头当作工具来使用的时候，人类便开始脱离动物界，从此进入了漫长的“石器时代”，石与人类有着与生俱来的缘分。传说中，在远古的时候曾经发生了天崩地陷、火山爆发、洪水泛滥的大灾难。女娲，这位相传为伏羲的妻子，“炼五彩石以补天”，尽管有可能只是一种祭天活动，但也奠定了石在中华文化中的地位和作用。伏羲所生活的时代约在六千多年以前，此时正是从母系氏族公社向父系氏族公社转变时期。

土有石而高谓之山。江苏宜兴堰头镇堰南村的良渚文化遗址（堰南遗址）中发现新石器时代晚期的“山”字形符号[①]（其年代比甲骨文早一千多年）。《礼记》:“山节藻棁”，天子的明堂斗栱上就雕刻山形图案，梁上短柱画有藻文;“有虞氏服韨，夏后氏山，殷火，周龙章。”有虞氏祭服上的蔽膝无图案，夏代加入山的图案，殷、周加入火、龙的图案。山在中华文化中有着独特的社会价值和含义。

我国园林假山大致可分为6个阶段：一是先秦时期，为我国园林假山的萌芽期；二是秦汉时期，为我国园林假山的发展期，这一时期的假山以仿效自然为主，接近真山为要，体量大，比较写实；三是魏晋至宋元时期，为我国园林假山的成熟期，这一时期的假山受老庄思想影响，加上山水诗画的逐渐发达，假山趋于写意、小中见大，其叠石技艺趋于成熟；四是明中叶至清中叶，为我国园林假山的鼎盛期，这一时期叠山名家辈出，技艺精湛，我国园林假山达到最高峰，五是晚清至民国时期，为中国园林假山的衰退期，我国进入近代社会，西风东渐，假山技艺逐渐衰退；六是1949年新中国成立后，为我国园林假山的复兴期，假山技艺得以复兴，并走出国门营造园林，为世界所接受。

1.1.1　假山起源

中国最早的模仿山岳形式的建筑物是“台”，台即由堆土而筑的方形高台。传说禹之子启（约公元前2183～前2177）继位后曾大会诸侯于“钧台”，夏朝履癸（桀）（约公元前16世纪）曾作有“琼宫瑶台”，商末（约公元前11世纪）帝辛（纣）营建“沙丘苑台”，周文王在尚未灭商建周时就建有“灵台”“灵囿”。至周平王东迁雒邑（公元前770年）后，史称春秋，礼崩乐坏，诸侯纷纷僭越建台，如楚灵王即位作“章华台”“台高十丈，基广十五丈”(《水经注》)；吴王阖闾建“姑苏台”（公元前504），因山成台，联台为宫，主台“广八十四丈”“高三百丈”。

---

① 2001年8月30日15：11，新华网。

《尚书・旅獒》中有这么一句话:“为山九仞，功亏一篑[①]。”孔子也说:“譬如为山，未成一篑。”意思是说：好比用土堆山，只差一筐土没完成，造山也是失败了。虽然是比喻，说明在春秋时已有“堆土为山”了。

老子说:“上善至水”“上德若谷”；孔子说:“知者乐水，仁者乐山。”山与水是人类赖以生存的物质基础，也是自然界中最富魅力的基本景观，“道法自然、天人合一”是中国传统的哲学思想，所以园林中造假山如真山，是一种以自然山水为范本，经过艺术提炼而形成的“人化自然”，也称之为“第二自然”。

战国时期（公元前 475 ～前 221 年）齐、燕王寻找蓬莱仙山，至秦汉真正开始了园林中的造山活动。

1.1.2　秦汉时期的假山

秦始皇、汉武帝等帝王为追求长生不老，便在御苑中仿渤海、东海“海市蜃楼”中的虚幻神岛，营造太液池，池中筑有蓬莱、方丈、瀛洲等仙山，从此“一池三山（岛）”成了后代帝王御苑的滥觞（图 1–1），同时也开创了中国造园史上堆筑假山的先河。秦始皇在兰池宫中掘池引渭水，池中筑土山为蓬莱仙境，开创了我国人工堆山的记录。

图 1–1　汉建章宫图中的“一池三山”（王惠康绘）

西汉梁孝王刘武（汉文帝之子）筑有“兔园”，园中的百灵山上有落猿岩、栖龙岫等，开始从土筑假山上点缀峰石或巨岩，已有土石相筑的假山了，以仿造出具有自然趣味的山体景观。

西汉富人袁广汉在洛阳北邙山下筑园，构石为山，高十余丈，连延数里，园林假山已从原来帝苑的“筑土为山”发展到“构石为山”，是石假山的代表。

东汉桓帝时，大将军梁冀大起第舍，“又广开园囿，采土筑山，十里九坂，以象二崤，深林绝涧，有若自然，奇禽驯兽，飞走其间。”其假山以位于河南与陕西交界处的东、西

① 仞，周尺八尺为一仞；九仞形容山极高。篑，是一种盛土的筐子。

二座崤山为蓝本，虽为土筑，但已不同于皇家园林的神仙虚境。

秦汉时期已经有了土假山、石假山和土石相结合的假山类型。并且以自然为蓝本，有了模仿自然的“深林绝涧”景观，“有若自然”。“飞走其间”的动物已是造园要素之一。

1.1.3　魏晋南北朝时期的假山

魏黄初元年（220年），魏文帝曹丕在洛阳营建宫室，用五色石在芳林园内叠造景阳山。魏明帝在芳林园中筑假山，亲自掘土，三公以下的文武百官背土堆叠假山；在假山上种松竹杂木善草，捕山禽杂兽置其中。

北魏（鲜卑族）宣武帝时，在华林园内“为山于天渊池西，采掘北邙及南山佳石……树草栽木，颇有野致。”

北魏张伦在宅园中模仿自然造景阳山，“重岩复岭嵌接相属，深洞丘壑逶逦连接”的假山有若自然，闻名遐迩。

东晋时期苏州的顾辟疆园：“有池馆林泉之胜，号称吴中第一。”当时官至中书令的王献之从会稽（即今浙江绍兴）来到苏州，慕名而至，径往其家，旁若无人。唐代陆羽曾有诗云：“辟疆旧林间，怪石纷相向。”可见园中亦有怪石假山。东晋名士戴颙移居苏州时，“士人共为筑室，聚石引水，植林开涧，少时繁密，有若自然”。“聚石引水，植林开涧”即为叠石筑水涧，与自然相仿。

建康（今南京）是南朝各代的都城，其宫苑尤以始建于东吴的华林园最为著名。元嘉二十三年（446年），宋文帝“筑北堤，立玄武湖于乐游苑北，兴景阳山于华林园，役重人怨。”

南齐的文惠太子（萧长懋）开拓元圃园，多聚奇石，妙极山水。湘东王（萧绎）造湘东苑，“穿地构山，长数百丈”，跨水有阁、斋、屋等，“前有高山，山有洞石，潜行宛委二百余步。”这一时期的假山已叠有石洞，且有的已有二百多步之长，可见其叠山技术已达到一定的水平。

南朝的到溉，第居近淮水，斋前山池有一块奇礓石，长一丈六尺。梁武帝戏与赌之，到溉输石，被移到华林园，“移石之日，都下倾城纵观，所谓到公石也。”说明在南北朝时，峰石已经开始应用于园林之中，并作为观赏主景了。

1.1.4　隋唐五代时期的假山

隋朝洛阳西苑的布局继承了秦汉“一池三山”的形式，在宫苑中造山为海，周十余里；海内有蓬莱、方丈、瀛洲诸山，高百余尺，台观殿阁，分布在山上。唐代，长安禁苑内的大明宫北有太液池，池中蓬莱山独踞，池周建回廊四百多间。此外，大内三苑中的西苑，中有假山，有湖池，渠流连环。

唐中宗的幼女安乐公主曾想要昆明池，未得到，“便自凿定昆池，延袤数里……司农卿赵履温为缮治，累石肖华山，隥彴横邪，回渊九折，以石瀵水。”（《新唐书·列传第八》）用石堆叠的假山既有华山之险，又有水之潆洄喷溢，达到了极高的技艺水平。

白居易《累土山》诗：“堆土渐高山意出，终南移入户庭间。”唐代的私家园林在布局上有前宅后园，或园宅合一，前者如白居易履道里的宅园，园中又开环池路，置天竺石、太湖石等，池中植白莲、折腰菱，放养华亭鹤，池中有三岛，先后作西平桥、中高桥以相联通。唐赞皇公李德裕平泉庄，园中凿池引泉，模仿巫峡、洞庭、九派、十二峰之状为景。1959 年西安中堡村出土的唐墓明器中的一座三彩庭院模型（图 1–2），在其两进院落的主庭院中即为假山亭子的布局；假山山峰与水池相连，山峰上有树木、花草、小鸟，山势险峻。白居易《草堂记》:“辄覆篑土为台，聚拳石为山，环斗水为池，其喜山水病癖如此。”由此可见，中唐文人对园林山水景观的追求已经到了无以复加的地步。

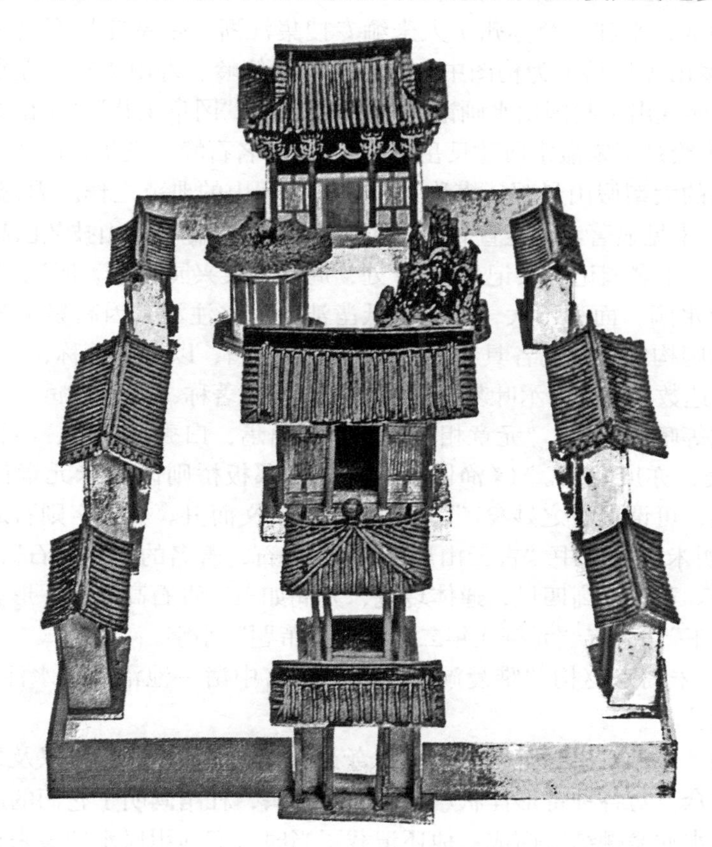

图 1–2　出土的唐代三彩庭院模型[①]

唐代柳宗元喜爱山水，在潇水的支流愚溪筑有宅园，其址在今湖南零陵县。他在《愚溪诗序》中自述:“买小丘为愚丘……遂负土累石，塞其隘为愚池。愚池之东为愚堂，其南为愚亭，池之中为愚岛。嘉木异石错置，皆山水之奇者。”

唐代诗人兼画家王维的辋川别业（位于蓝田县西南）是在宋之问辋川山庄的基础上营建的园林，形成自然园林式别业山居，他对园景的题景诗成为日后中国园林题名的滥觞。

安史之乱后，国势衰弱，至唐末五代，中原战事频繁，营苑之风，一蹶不振。然而江南苏杭一带却长期靖安，吴越王穷奢极贵，造园活动上行下效，形成了一个造园小高峰。

五代时江南安靖，当时吴越国广陵王钱元璙在苏州“颇以园池花木为意，创南园、东圃及诸别第，奇花异木，名品千万。”尤其是南园“酾流以为沼，积土以为山，岛屿峰峦，出于巧思。求致异木，名品甚多。比及积岁，皆为合抱。亭宇台榭，值景而造。”

①　引自王力主编《中国古代文化常识》，世界图书出自公司，2009.9

1.1.5　宋元时期的假山

北宋时建筑技术和绘画都有发展，出版了《营造法式》，兴起了界画。宋徽宗赵佶政和七年（1117年）始筑的万岁山（后更名艮岳），以杭州的凤凰山为蓝本，突破了秦汉以来帝王宫苑“一池三山”的规范，把诗情画意移入园林，在中国园林史上是一大转折。工程主持者为梁师成，平江（今苏州）人朱缅专搜集江浙一带奇花异石进贡，号称“花石纲”。全园以万岁山（艮岳）为构图中心、万松岭为侧岭、寿山为宾，隔水与主山呼应的完整山系布局，体现出了我国山水画论中“山贵有脉”“冈阜拱状”“主山始尊”的构图手法。《宣和石谱》绘录了宋徽宗所建艮岳中的65座著名石峰。艮岳，以帝王之力，营造了以模仿天下名山的大型假山景观，堪称是中国园林假山的典范之作。周密《癸辛杂识》：“前世叠石为山，未见显著者，至宣和，艮岳始兴大役。”叠石为山技艺已趋成熟。

李格非的《洛阳名园记》共记名园19处，周密《吴兴园林记》所记园林36处。洛阳的园墅大多为山水园，面积不大，却能就低凿池、引水注沼，因高累土为山，但很少叠石。而吴兴园林则构筑、布局各具特色。如南沈尚书园，以湖石著称，主厅前有大池塘，池中有太湖石高达数丈；尚书丞叶梦得的石林则以奇石著称，石色灵润。

米芾、苏轼等嗜石成癖。“元章相石之法有四语焉，曰秀、曰瘦、曰雅、曰透，四者虽不能尽石之美，亦庶几云。”（《渔阳公石谱》），郑板桥则说：“米元章论石，曰瘦、曰皱、曰漏、曰透，可谓尽石之妙矣。”东坡又曰：“石文而丑。一丑字则石之千态万状，皆从此出。”如晚明米万钟宅中“古云山房”，陈设奇石，著名的“非非石”，数峰屹立，俨然小型的九子峰。黄石，高四尺，通体玲珑，光润如玉。青石高七尺，形如片云欲坠，上刻篆字“洒滨浮王”，旁有“元符元年二日丙申米芾题”小字。

《梦粱录》：宋高宗赵构“雅爱湖山之胜，于宫中凿一池沼，引水注入，叠石为山，以像飞来峰之景。”

南宋杜绾的《云林石谱》记录有116种奇石的产地、形状、色泽以及采取之法等，时风所熏，迷石者众。对各种奇形怪状用作假山的石头，杜绾阐明了它们的成因是由于“风浪冲激”或“风水冲激融结”而成。他还记载了当时人们利用风水冲激来加工太湖石的技术：先把太湖石初步加工，雕刻成需要的形状，然后“复沉水中经久，为风水冲刷，石理如生”。

《渔阳公石谱》《宣和石谱》则记载了当时适合造假山的石头，石头名称因形而异，如“云岫”“吐月”“排云”等。

苏州南园是当时很有名的园林，宋代朱长文在《吴郡图经续记》中说：“南园之兴，广陵王元璙帅中吴，好治林圃。于是酾流以为沼，积土以为山，岛屿峰峦，出于巧思，求致异木，名品甚多，比及积岁，皆为合抱。亭宇台榭，值景而造，所谓三阁、八亭、二台、‘龟首’‘旋螺’之类，名载《图经》，盖旧物也。”然而，这样华丽的园林在南宋时被毁，现在很难说出准确的旧址。

元朝在原金朝金海（今北海地方）垒土成山（即琼华岛）的基础上，把北宋京城（汴梁）寿山艮岳的花石运来堆叠假山，改琼华岛为万岁山，改金海为大液池。

元代苏州狮子林假山，也只是因寺北园内竹林下多怪石，形似狮子，所以也称狮子林。

1.1.6　明清时期的假山

至明、清，在园林中叠石为山相沿成风，现存著名的如避暑山庄的金山亭、北海的静心斋、苏州的环秀山庄、扬州的个园等。明清私家园林主要集中在经济发达的地区，如北京、南京、扬州、苏州以及江南太湖流域的杭嘉湖地区等。

清朝大才子袁枚于《小仓山房诗文集》中对叠山多有描述，如《诗集》卷十五《假山成》："三成号昆仑，此义本《尔雅》。幽人戏为之，荦石杂青赭。初将地形参，继用粉本写。高低肯随人，其妙转在假。俗生嵚崎心，一旦吐诸野。微微洞穴明，渐渐云烟惹。五岳走家中，一拳始腕下。未晚早扃门，虑有飞去者。"又《诗集》卷二十五《造假山》："半倚青松半掩苔，一峰横竖一峰回。高低曲折随人意，好处多从假字来。"又《诗集》卷三十三《造假山》："峰岚纷布置，巧匠出心裁。曲折随人转，都缘假字来。"《假山成，题日巫山十二降，自嘲一首》："看遍真山造假山，公然十二好烟鬟。如何老去风怀寄，还在高唐云雨间。"文人如此爱叠山，此处可见一斑。

园林假山的营建自然离不开专业的匠师，在我国的造园史上，曾出现过一大批造园叠山的大师，尤其是从明代万历年间到清代乾、嘉之交的二百多年的时间里，更是群星璀璨、人才辈出，周秉忠、周廷策、张南垣、张然、陆俊卿、陈似云、许晋安、陆叠山、张国泰、戈裕良等造园叠山大师就是这群星中最耀眼的几位，上海豫园的大黄石假山、苏州环秀山庄的太湖石假山、苏州惠荫园水假山等实物，以及文震亨的《长物志》、计成的《园冶》、李渔的《闲情偶记》等造园学和起居环境装饰美化的专著为我们留下了一份丰厚的遗产。

张南阳（约 1517 ～ 1596 年）：上海人，始号小溪子，更号卧石生，又号悟石山人。以善于叠石而闻名，其风格以全景式假山为主，擅长运用大小不同的黄石，将它们组成一个浑成的整体，具有真山真水之气势，如太仓王世贞的弇山园（图 1–3）、上海潘允端豫园、陈所蕴日涉园等假山。他活到 80 多岁，豫园是他六、七十岁时的作品。现在上海豫园黄石大假山传为他所堆叠，明陈所蕴有《张山人卧石传》。

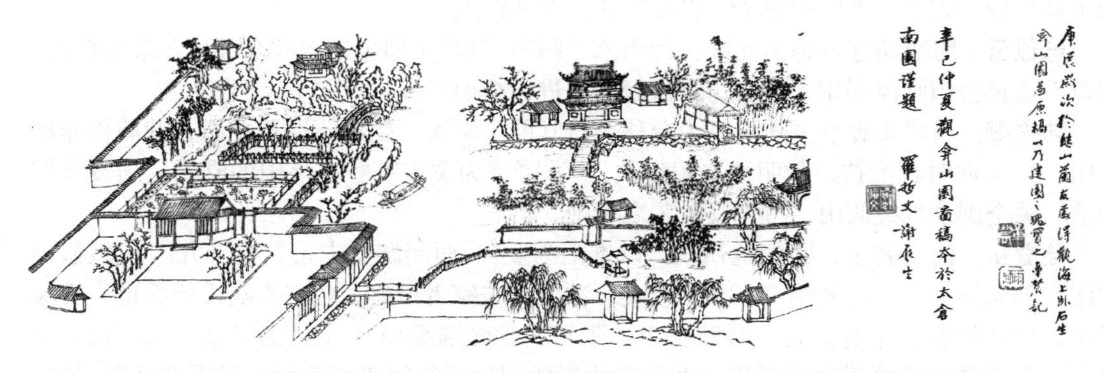

图 1–3　张南阳设计的王世贞《弇山园图》（局部　太仓殷继山先生惠赠）

曹谅：是张南阳之后的上海叠山大家，他所堆叠的假山可与张南阳相媲美。

顾山师：参与日涉园的叠山工，从小随朱姓主人醒石山人叠假山，而青出于蓝胜于蓝，技术上继承张南阳与曹谅二人，故胸中别具丘壑。

周秉忠：字时臣（一作名时臣），号丹泉，明代苏州人。精绘事，隆庆、万历间，至景德镇造瓷，善于仿古。其疏泉叠石，尤能匠心独运，点缀出人意表。郡中园林，出其布画者，有徐泰时（冏卿）东园（即今留园）石屏及“小林屋”等。留园石屏假山已不存，“小林屋”即苏州惠荫园（洽隐园）的水假山（图 1–4），是模仿洞庭西山的林屋洞，故称“小林屋”，为国内罕见，卒年 93 岁。

图 1–4　周秉忠“小林屋”水假山

周廷策（周一泉）：字伯上，周秉忠之子。擅绘画，工叠石，曾为武进吴亮叠造止园假山，吴亮《止园记》：“皆吴门周伯上所构。一丘一壑，自谓过之，微斯人谁与矣。”周廷策成名后，“太平时江南大家延之作假山，每日束修（即酬金）一金。”

许晋安：明晚期苏州叠山匠师，为镇江张凤翼堆叠“乐志园”假山，其所造假山仿大痴（黄公望）皴法，为峭壁数丈，狰狞崛兀，奇瑰搏人。

陈似云：明晚期苏州叠山匠师，为明末“归田园居”（即今拙政园东部址）堆叠假山，用黄石仿黄公望画风和用太湖石仿赵孟頫画意进行叠山。

陆俊卿：明代文震亨《陆俊卿为余移秀野堂前小山》，“生成不取玲珑石，裁剪仍非琐碎山。君向迩时真绝技，分明画本耐荆关。”秀野堂为文震亨香草垞中的堂构，陆俊卿按荆浩、关仝画意堆叠假山，可见其技艺之精绝。

陆叠山：佚其名字，明朝杭州人，以堆山为业。《西湖游览志余》卷十九：“杭城假山称江北陈家第一，许银家第二，今皆废矣，独洪静夫家者最盛，皆工人陆氏所叠也。堆垛峰峦，坳折洞壑，绝有天巧，号陆叠山。张靖之尝赠陆叠山诗云：‘出屋泉声入户山，绝尘风致巧机关。三峰景出虚无里，九仞功成指顾间。灵鹫峰来群玉垛，峨嵋截断落星间。方洲岁晚平沙路，今日溪山送客还。’”

计成（1582 ～ 1642 年）：字无否，吴江县松陵人（今属苏州吴江区），后居润州（今镇江）。计成中岁归吴，约四十岁（1622 年）开始为人造园。所造园林有常州吴玄之宅园、仪征汪士衡之寤园、扬州郑元勋之影园等。《园冶》中有《掇山》一篇，专门讲述叠山。

他主张造园叠山应该“就地取材，因地制宜，巧于因借，精在体宜”，就是说造园应该结合自然，而不需要耗费很多人工来改造自然，并最终达到“虽由人作，宛自天开”的最高艺术境界。

张涟（1587～1671 年？）：字南垣，华亭（今上海松江）人，后定居秀州（今浙江嘉兴）。《清史稿》记载：他从小向董其昌等人学习作画，用画法叠石堆土为假山。他认为当时之所以把假山堆得很蹙促，原因在于不通画理。他堆假山提倡“平冈小阪，曲岸回沙”“若似乎奇峰绝嶂，累累乎墙外”和“若似乎处大山之麓，截溪断谷”，主张截取大山一角的写意叠山。其假山以松江李逢申的横云山庄、金坛虞大复的豫园、太仓王时敏的乐郊园、常熟钱谦益的拂水山庄、嘉兴吴昌时的竹亭别墅为最著名。戴名世《张南垣传》称“东南名园大抵多翁所构。”

张南垣有 4 个儿子，能够继承父亲的技艺，尤以张然、张熊名气较大。

张然（1622～1696 年）：号陶庵，张涟小儿子。假山作品有苏州洞庭东山吴时雅依绿园等，在北京供奉内廷，参与修造了畅春苑、南海瀛台、玉泉山静明园、王熙怡园、冯溥万柳堂，康熙二十八年（1689 年），张然告老还乡之后，其子张淑继续供奉内廷。张然子孙在北京“世业百余年未替”，人称“山石张”。

张熊（1618 年～？）：字叔祥，张涟次子，居嘉兴，为嘉兴朱茂时的鹤洲、曹溶的倦圃、钱江的绿谿等叠山造园。其叠山技艺一直到张涟孙子张淑手里，“及淑没，其术遂不传。”在嘉兴也就只传了三代。

张钺：字宾式，张涟侄子，居松江，筑园也得张涟真传，曾筑无锡秦氏寄畅园、礼部郎中侯杲（1624～1675 年）亦园等。

高倪修：明代的叠山家。姚元之《竹叶事杂记》卷七：“宣武门内武公卫胡同，桂杏农观察（菖）卜居焉，宅西有园，曲榭方亭之前凿小池砌石为小山，有一石屹然苍古，为群石冠，苔鲜蒙密，摩掌右阴，得‘万历三十年三月起，堆叠山子，高倪修造’十六字，杏农属余书小额详记之。”万历三十年即公元 1602 年。

李渔（1611～1680 年？）：初字笠鸿，一字滴凡，别号笠道人，又号笠翁、随菴主人、新亭客樵等。浙江兰溪县人，出生于江苏如皋。建有金华伊园、南京芥子园和杭州层园。曾为甘肃提督张勇的甘肃提督府叠西园假山，垒石玲珑，壁立如绘。李渔著有《闲情偶寄》。

叶洮（？～1692 年）：亦称叶陶，字秦川，号金城，自称山农，上海青浦人，山水画家，后来即以山水画意为人筑圃叠石。康熙二十九年（1690 年）征召入内府，画畅春园图，作品有明珠的怡园、国戚佟国维的园林等。

戈裕良（1764～1830 年）：字立山，江苏武进（今常州）人，其叠山用钩带之法，可以千年不坏。现存假山作品有苏州的环秀山庄（图 1-5）和常熟的燕园“燕谷假山”。他主持修建的园林有苏州的一树园，常州的洪亮吉西圃，扬州的秦恩复意园小盘谷，如皋汪氏文园、绿净园，南京孙星衍的五松园、五亩园，仪征巴光浩朴园等。洪亮吉誉张涟和戈裕良为“三百年来两轶群”。

《履园丛话》卷十二“堆假山”条有云：“堆假山者，国初以张南垣为最。康熙中，则有石涛和尚，其后仇好石、董道士、王天于、张国泰皆为妙手，近时有戈裕良者，常州人，其堆法尤胜于诸家。”《履国丛话》卷三十“片石山房”条：“扬州新城花园巷，又有片石山房者，二厅之后，漱以方池，池上有太湖石山子一座，高五六丈，甚奇峭，相传为石涛和尚手笔。”但据曹汛先生考证，是误传。

中国园林的叠石技术起始于晋唐，成熟于宋元，而在明清时期达到鼎盛。唐代“聚拳石为小山”，北宋艮岳建造时，假山技艺已蜕变成叠石为山。明代中后期张南阳等追求全景式假山，到明末张涟局部式写意假山的出现，达到鼎盛。清中叶戈裕良则是假山的集大成者。

图 1–5　苏州环秀山庄假山

太平天国后，晚清国力衰退，在造园技艺上过于工巧，过分追求形式主义，加之西风东渐，苏州园林叠石技艺由模写自然转而为追求石趣、属相，重技而少艺，叠石匠师以金华帮为主，常平地起山，中置一洞，以条石结顶，外形常用山石包、贴成型，显得琐碎而脉理不通，如沧浪亭、狮子林、耦园（西花园）等均可见到这类叠石风格。然而因洞多不吉利，至民国，逐渐以小型假山花台替代之。

1.2　假山的类型

所谓的假山，是指在园林或风景区中，用山石或土壤等自然材料而构筑以造景为目的的山体。

在现代园林中，利用水泥、砖块、混凝土、玻璃钢、有机树脂、GRC（Glass Fiber Reinforced Cement 玻璃纤维强化水泥）等作材料而创造的山石景观，称之为“塑石”或“塑石假山”（图 1–6）。

假山的类型按其所用材料来分，可分为土山和石山两大类；按其位置和功能来分则可分为园山、厅山、楼阁山等。

图 1–6　塑石假山

1.2.1　按所用的掇山材料分类

假山所用的材料不外乎土、石两种自然物，所以假山的类型大致可分为以下几种：

1. 土山

土山就是不用一石而全用堆土的假山。现在一说假山，好像是专指叠石为山了，其实早期假山多为土山，后来才逐步发展到叠石的。李渔在其《闲情偶记》中说：“用以土代石之法，既减人工，又省物力，且有天然委曲之妙，混假山于真山之中，使人不能辨者，其法莫妙于此。”土山利于植物生长，能形成自然山林的景象，极富野趣，所以在现代城市绿化中有较多的应用。但因江南多雨，易受冲刷，故而多用草坪或地被植物等护坡。在古典园林中，现存的土山则大多限于整个山体的一部分，而非全山，如苏州拙政园雪香云蔚亭的西北隅。

2. 石山

石山是指全部用石堆叠而成的假山。因用石极多，所以其体量一般都比较小，李渔所说的“小山用石，大山用土”就是个道理。小山用石，可以充分发挥叠石的技巧，使其变化多端，耐人寻味，况且在小面积范围内，聚土为山势必难成山势，所以庭院中缀景，大多用石，或当庭而立、或依墙而筑，也有兼作登楼的蹬道的，如苏州留园明瑟楼、网师园五峰仙馆的云梯假山（图 1–7）等。

图 1-7　网师园云梯假山

根据其所用的石种不同，古代园林中又常将石山分为：

（1）太湖石假山

太湖石假山，俗称湖石假山（图 1-8），是产于太湖周边一带的石灰岩，在历史上尤以产于苏州太湖洞庭西山一带的太湖石最为有名，白居易认为："石有聚族，太湖为最，罗浮、天竺之石次焉。"（《太湖石记》），其他如江苏宜兴、浙江长兴、安徽巢湖等地亦产类似太湖石的石种。太湖石性坚而润，嵌空穿眼，有宛转险怪之势。色泽有青、白、灰、黑等。其质纹理纵横，笼络起隐，遍多凹窝，由风浪冲激而成的，谓之"弹子窝"。在宋代，采石人常携带锤凿，潜入太湖深水中取凿，再用大船、绳索，设木架绞出。还有一种

图 1-8　扬州个园太湖石假山（夏山）

就是“种石”，即对缺乏天然孔穴的采取人工凿孔加眼，再沉于水中，放到波浪冲激处冲刷，以售善价，但因时间较长，所以有“阿爹种石孙子收”的说法。现在则多用电动工具加工、抛光。

太湖石又有水、旱两种，尤以水中者为贵，但因采石不便，现多用山中的旱石。虽然旱石大多枯而不润，有的还常带有土色，但堆叠好的假山只要借以数年的雨水冲刷，自然会显露出多孔玲珑或嶙峋俏丽的形态。

北京房山太湖石，也称北太湖石，因产于北京市房山而得名。该石为石灰岩，形状大体和太湖石相似，具有涡、沟、环、洞等特征。密度比南太湖石大，扣之无共鸣声，体态嶙峋透露，质地坚硬，一般用作修筑叠石假山。

图 1-9　北京故宫御花园北太湖石假山

（2）黄石假山

太湖石的玲珑秀润，历来受到园主人和造园叠山家的青睐，但由于过度开采，至明末就已经很少了，所以明晚期的计成在《园冶・选石》的“太湖石”条目中感叹道:“自古至今，采之以久，今尚鲜矣。”因此吴地开始有人尝试随地取材，采用黄石叠山。和计成同时代稍早的文震亨在其《长物志》中说:“尧峰石，近时始出，苔藓丛生，古朴可爱，以未经采凿，山中甚多，但不玲珑耳。然正以不玲珑，故佳。”尧峰石即产于苏州近郊尧峰山的黄石，明末尧峰石的使用，是造园叠山史上的大事，从此黄石假山成了与太湖石假山比肩并列的假山流派。黄石假山在造型上，仿效自然界山体的丹霞地貌，或沉积岩山体中的自然露头的风化景观，从而创造出了一代新风格假山形象。黄石是属于沉积岩中的砂岩，棱角分明，轮廓呈折线，呈现出苍劲古拙、质朴雄浑的外貌特征，显示出一种阳刚之美，与太湖石的阴柔之美，正好表现出截然不同的两种风格，所以受到了造园叠山家的重视。计成评价道:“其质坚，不入斧凿，其文古拙……俗人只知其顽夯，而不知其妙”（《园冶》）。为了表现这两种山体的不同趣味，古代造园叠山家们常将这两种山石用于同一园中的不同区域，以示对比，如扬州个园四季假山中的夏山（湖石山）

与秋山（黄石山，图1–10），苏州耦园中的东花园假山（黄石山）与西花园假山（湖石山）等。

（3）其他石种假山

其他如产于广东英德市的英石、江苏常州市一带的斧劈石、安徽宣城宁国一带的宣石等也常用于假而成山，但一般规模较小，如扬州园林素以“叠石胜”，但本地并不产石，石料都靠水运，多靠盐船压舱回载，所以其假山石材的石种较多，石料也较小，峰峦也多用小石包镶，如个园的冬山即以宣石堆叠而成（图1–11），其石色洁白，远远望去，俨然似积雪未消。由于堆叠假山的山石比较笨重，运输困难，所以造园叠山家们历来主张就地取材，因地制宜。

图1–10 扬州个园黄石假山（秋山）

图1–11 扬州个园宣石假山（冬山）

3. 土石山

土石山是最常见的园林假山形式，土石相间、草木相依，便富自然生机。尤其是大型假山，如果全用山石堆叠，容易显得琐碎，加上草木不生，即使堆得嵯岈屈曲，终觉有骨无肉，所以李渔说：“掇高广之山，全用碎石，则如百衲僧衣，求一无缝处而不得，此其所以不耐观也。”（《闲情偶记》）如果把土与石结合在一起，使山脉石根隐于土中、泯然无迹，还便于植树，树石浑然一体，山林之趣顿出。土石相间的假山主要有以石为主的带（戴）土石山和以土为主的带（戴）石土山。

（1）带土石山　又称石包土，此类假山先以叠石为山的骨架，然而再覆土，土上再植树种草。其结构一类是于主要观赏面堆叠石壁洞壑，山顶和山后覆土，如苏州艺圃和怡园的假山；另一类是四周及山顶全部用石，或用石较多，只留树木的种植穴，而在主要观赏面无洞，形成整个的石包土格局，如苏州留园中部的池北假山（图1–12）。

（2）带石土山　又称土包石，此类假山以堆土为主，只在山脚或山的局部适当用石，以固定土壤，并形成优美的山体轮廓，如留园的西部大假山，山脚叠以黄石，蹬道盘纡其中。其因土多石少，可形成林木蔚然而深秀的山林景象（图 1–13）。

图 1–12　苏州留园中部的池北石包土假山

图 1–13　苏州留园西部土包石大假山

1.2.2　按假山的位置和功能分类

计成在《园冶》中列举了 10 种左右的假山类型，大致是以假山在园林中的功能和作用所分的。因计成为吴地（苏州一带）人士，所以下面以苏州园林中的假山进行举例。

1. 园山

计成在《园冶》说："园中掇山，非士大夫好事者不为也。为者殊有识鉴。" 认为只有具有非常见识和鉴赏能力、又爱好风雅的士大夫才会在园林中堆叠假山。从“缘世无合志，不尽欣赏，而就厅前一壁，楼面三峰而已”来看，所谓的园山即为园林中构成地貌骨架的体量较大的主山，也就是汪星伯先生所说的“大山”，如留园，由其西部的大型土山，过渡到中部的大型主山，再延伸到东部的庭院假山；从西到东，由高到低，由山林高阜逐渐向平地庭院过渡，既存山林之趣，又具“小廊回合曲阑斜”之美。拙政园则由远香堂北的两座岛山、远香堂南的黄石假山和远香堂东的绣绮亭土石假山组合而形成的地貌，这也就是《园冶》所说的：“未山先麓，自然地势之嶙嶒；构土成冈……宜台宜榭……成径成蹊……临池驳以石块……结岭挑之土堆，高低观之多致。”另一类则如沧浪亭的中央大型土石假山和耦园黄石假山等，这类山体常为园林中的中心景物，围绕山体四周布置亭榭轩廊，可从不同角度观赏到山体的景色。

2. 池山

明清园林多为文人写意山水园，其布局主要以池水来衬托假山的形体，形成山形与水体的刚柔对比，所以《园冶》云：“池上理山，园中第一胜也。若大若小，更有妙境。”明末清初的叠石池山大多似《园冶》所说的：“就水点其步石，从巅架以飞梁；洞穴潜藏，穿岩径水；峰峦飘渺，漏月招云；莫言世上无仙，斯住世之瀛壶也。”大型者如留园中部的假山，主山位于池北，峰峦冈坡由东西向横向展开，呈现出层次丰富的平远山水景观，与南北向的副山呈直角交汇，并用夹涧进行过渡，显得自然而贴切；中型者如艺圃池南的土石假山和五峰园太湖石假山；小型者如网师园彩霞池边的云冈假山。

3. 厅山

中国园林建筑尤以厅堂为重，所以常有厅前叠石掇山的惯例，《园冶》说：“人皆厅前掇山”。如苏州园林中的厅堂常在南面形成一个闭合式的庭院空间，空间稍大者常布置成花池假山，对于这类庭院空间的造景，计成认为“或有嘉树，稍点玲珑石块；不然，墙中嵌理壁岩，或顶植卉木垂萝，似有深境也。”由于真正的明代建筑庭院实物甚少，难见其详。拙政园玉兰堂（曾名笔花堂，传为文徵明作画之所）南以白玉兰点缀太湖石，古木清阴，文石玲珑，幽静无比，惜古木不存，虽经补植，其景难再。清代遗存的庭院如网师园小山丛桂轩等前庭都靠壁叠以太湖石花台，或植以牡丹，或杂树丛生，蔚然成林；而留园五峰仙馆前有大型太湖石厅山（图1-14），崖壁高峻，如屏如峰，山顶偃松斜展，藤萝垂绕；不过，计成对那种沿墙叠置三峰表示了不屑，说“环堵中耸起高高三峰，排列于前，殊为可笑。”

4. 楼阁山

园林中的楼阁以2层为多，均可登临远眺城外景色，正如《园冶·借景》所云：“高原极望，远岫环屏。”在苏州古典园林中如沧浪亭有见山楼、网师园有撷秀楼、留园有冠云楼等，可远望苏州城外的上方、天平、虎丘诸山。计成说：“楼面掇山，宜最高才入妙。”但山太高，离楼太近，会产生逼迫之感，所以又说“不若远之，更有深意。”如苏州耦园在楼前筑有大型黄石假山，林木繁茂，甚得其趣。同时苏州园林中以看山楼、见山楼命名的建筑物尤多，如狮子林的见山楼筑于大假山一角，登临斯楼，宛若置身于群山之中；而位于大假山北侧的卧云室，因有庭院相隔，登楼观山，会有高远之意。拙政园的见山楼，隔水远观东南的雪香云蔚亭假山，更是意出迥表。如果将室外楼梯与叠石相结合，便形成了独具趣味的云梯假山，正合《园冶》：“阁皆四敞也，宜于山侧，坦而可上，更以登眺，何必梯之。"留园的明瑟楼、冠云楼，网师园的五峰书屋、拙政园的见山楼、苏州吴江同里退思园（图 1–15）等均在楼阁之侧作假山云梯。

图 1–14　苏州留园五峰仙馆太湖石厅山

图 1–15　苏州吴江同里退思园云梯假山

5. 书房山

计成在《园冶・屋宇》中说："凡家居住房，五间三间，循次第而造；惟园林书屋，一室半室，按时景为精。方向随宜。"苏州诸园中最有代表性的如留园的揖峰轩书屋（亦称石林小院），面阔二间半，前庭叠以太湖石牡丹花池，中立晚翠峰，周边衬以峰石，玉兰、修竹远映，亦如《园冶》书房山条所说的："凡掇小山，或依嘉树卉木，聚散而理，或悬岩峻壁，各有别致。"而计成所推崇的书房山则是："书房中最宜者，更以山石为池，俯于窗下，似得濠濮间想。"苏州拙政园听雨轩前的山石小池由黄石驳砌而成，几株芭蕉点缀于池边角隅（图 1–16），尤其是夏天，推窗俯于窗下，暑气顿消，衣袖生凉;柴园水榭（书房）前的假山水池，推窗凭栏，一碧池水在四周嶙峋山石的衬托和藤萝的掩映下，更觉清幽可人。

图 1–16　苏州拙政园听雨轩前的书房山

6. 峭壁山

苏州园林中以石为主的假山大多借墙壁而叠，即所谓的峭壁山。计成因是堆叠峭壁山的高手，他在《自序》中说的"俨然佳山水"的"偶为成壁"即为一例。"峭壁山者，靠壁理也。藉以粉壁为纸，以石为绘也。"借鉴绘画原理，化二维为三维。"理者相石皴纹，仿古人笔意，植黄山松柏、古梅、美竹，收之圆窗，宛然镜游也。"苏州诸园中的书房后院，大多为偏狭之地，颇得"聚石垒围墙，居山可拟"之趣，如网师园的殿春簃和留园的揖峰轩后院等。

7. 内室山

内室是园林主人的起居之处，因而在内室叠山，要防止小孩的登攀嬉闹，所以计成强调："内室中掇山，宜坚宜峻，壁立岩悬，令人不可攀。"因内室旧属私密区域，故而现在见到的不多，如苏州尚志堂（建于清乾隆年间，据称原为吴氏采菽堂）楼厅前有左右对称的两花池假山，古木参天，花石峻嶒，即使盛夏，亦暑气甚少。像退思园的坐春望月楼原是延客住宿之处，楼前庭院面积较大，只在左侧叠以太湖石花台（原为一座较大的假山，和楼右侧的旱船一起，使该楼前的庭院形成一个半隐秘的空间，现已不存）。苏州尚志堂楼厅前以花坛丛树作为内室庭院布置差相似之（图 1–17）。

其他如留园五峰仙馆的后庭院有水一潭，与计成所云的山石池，差相似之。因其地处旱地，积水实为不易，"少得窍不能盛水"，稍有孔隙便不能蓄水。

图 1–17　苏州尚志堂楼厅前以花坛假山

8. 水假山

水假山是仿照石灰岩溶洞而营造的内有水池或水系的一种假山类型，如苏州惠荫花园中的“小林屋”水假山，以苏州西山林屋洞为蓝本，在假山内有一泓清池（图 1–4）。这类假山形式在《园冶》中并未论及，可能也只是明末掇山大师周秉忠的独创。

1.3　假山在园林造景中的作用

1.3.1　作为自然山水园的主景和地形骨架

中国园林大多为自然山水园，或以山为主景，或以水为主题。而以水为主题的园林也大多以曲折起伏的山石驳岸为地形骨架，如南京的瞻园、上海的豫园、扬州的个园、苏州的环秀山庄等都是以假山为主，结合山石驳岸的水池，从而形成全园的地形骨架。

1.3.2　划分和组织园林空间

我国园林善于运用各种造景手法，根据不同的用地功能和造景特色，将园子化整为零，形成丰富多彩的景区，从而达到小中见大的目的。划分空间的手段很多，而利用假山划分空间具有自然和灵活的特点。用假山划分、组织空间有障景、对景、框景、夹景等各种手法，还可以与水体相结合，使空间的变化更富情趣。

1.3.3　点缀园林空间

在园林中，山石常与建筑、植物相结合，成为点缀园林的一种重要手段：有的石峰凌空，有的散置在粉墙前，有的布置在花台中，有的与芭蕉、竹子等植物相配合，作为廊间转折小空间的布置或作窗处的对景等。

1.3.4　作园林或庭院的观赏主景和登高眺望

园林假山有时作为整个园林或局部的观赏主景而设置。在苏州园林中假山常与建筑相对置，如留园中部的山水园中，西北的假山与东南的建筑互为对景，当游人坐于山水园南的绿荫轩中，可观赏到对岸的山水景观；而当你置身于假山之巅，则一园之景又可尽收眼底。园林中的石假山更具登高望远之功能，清代陈维崧在《水绘园记》中说："由石洞右折而上，为悬溜峰，峰顶平若几案，可置酒，可弹棋。"如北京恭王府滴翠岩大假山上有邀月台，就建有一间歇山顶小屋于山顶之上；苏州拙政园远香堂南的黄石大假山上设一平台和石桌，可作登临观景和休息。

苏州五峰仙馆庭院前的大型靠壁太湖石厅山也是互为对景，在仙馆内可观赏到庭院内的山景，而当你行走在假山上则又可看到陈设华丽的厅堂景观。

1.3.5　作室内外自然式像俱或器设

山石可作成石榻、石桌、石凳、石栏杆等，既经久耐用，又可结合造景。如置于无锡锡惠公园内的唐代"听松石床"，床、枕兼得于一石，石床另一端镌有李阳冰所题的篆书"听松"二字，是实用结合造景的佳例。此外，山石还可用作室内外楼梯（又称云梯）、园桥、汀石等，尤其是山石几案，在公园及小游园中用途较广。

第 2 章　假山的地貌知识

地球的内部由地核、地幔和地壳 3 层组成（图 2–1）。地壳是地球的最外层，这个固体外壳是由岩石组成的，岩石圈的体积约占固体地球体积的 0.8%，质量约占地球质量的 0.4%。地壳之外则由水圈和大气圈所包围，它们又维系着生物圈的存在。

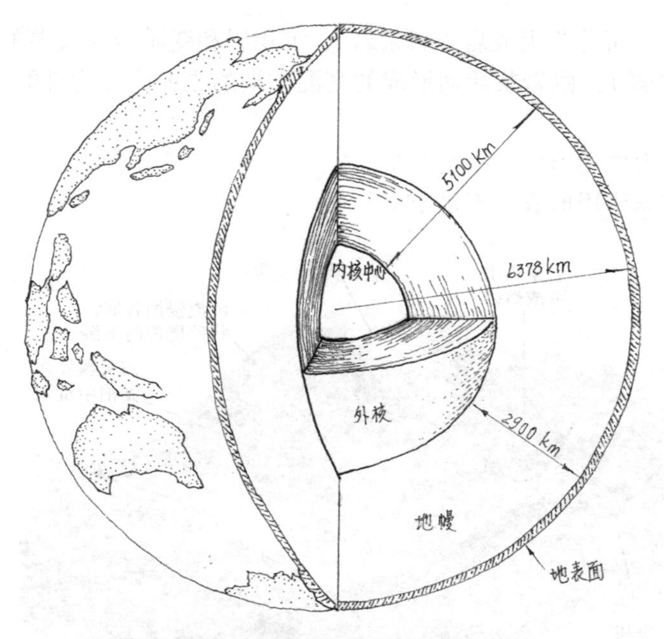

图 2–1　地球的构成（王惠康绘制）

2.1　假山的主要材料

2.1.1　岩石与矿物

岩石是构成陆地环境的主要物质，是构成地貌、土壤的物质基础，也是生命赖以生存的重要物质基础，它为人类提供各种矿产资源。岩石是在各种不同的地质作用下，由一种或多种矿物按照一定规律组合而成的矿物集合体，所以矿物是构成岩石的基本单元，如花岗岩是由石英、长石、云母等多种矿物组成的。主要的造岩矿物是石英（Quartz）、钾长石（Orthoclase）、斜长石（Plagioclase）、云母（Mica）、角闪石（Hornblende）、辉石（Pyroxene）、橄榄石（Olivine）7 种。地壳上部（约 16km）按平均化学成分占比百分数的构成: SiO_2 为 35% ～ 75%，AL_2O_3 为 12% ～ 18%（约占 20%），MgO、CaO、FeO、Fe_2O_3、K_2O、Na_2O、TiO_2、MnO、P_2O_5、H_2O、CO_2 等只占百分之几。

矿物则是由单个或多个元素在一定地质条件下形成的具有特定理化性质的化合物。矿物中的元素主要是亲氧元素、亲硫元素和亲铁元素，主要的造岩元素有 8 种：氧、硅、铝、铁、钙、钠、钾、镁。如石英的化学成分主要为 SiO_2；云母含有多种成分，其中主要有 SiO_2，含量一般在 49% 左右，Al_2O_3 含量在 30% 左右。其他如：

钠长石，Na_2O 约占 11.8%，Al_2O_3 约占 19.5%，SiO_2 约占 68.8%。

钾长石，K_2O 约占 16.9%，Al_2O_3 约占 18.4%，SiO_2 约占 64.8%。

由地壳中的化学元素在地质作用过程中形成矿物、到矿物组成岩石、再到 3 大类岩石相互转换构成地壳。

2.1.2　岩石的分类

岩石按其成因，可分为火成岩（岩浆岩）、沉积岩和变质岩 3 大类（图 2–2）。

火成岩（岩浆岩）：由岩浆活动形成的高温黏稠的主要成分为硅酸盐的熔融物质，约占 95%。

沉积岩：由外力作用形成，不足 5%。

变质岩：由变质作用形成，不足 1%。

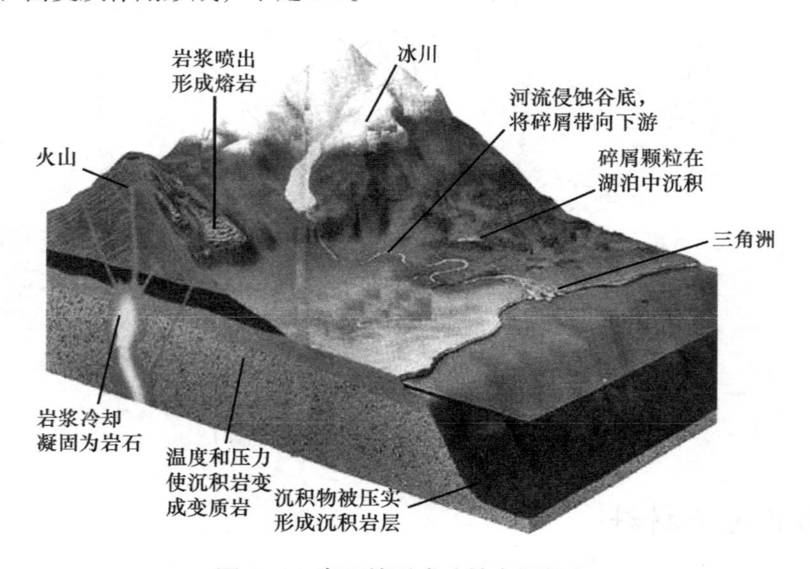

图 2–2　岩石的形成（摘自网络）

1. 火成岩（岩浆岩）

火成岩是地幔中的岩浆涌入岩石圈或出露地表冷凝成固态形成的，是一种由岩浆活动形成的高温黏稠的主要成分为硅酸盐的熔融物质，约占地壳岩石的 95%，又可分成喷出岩和侵入岩两种。

喷出岩是一类由岩浆出露地表冷却凝固而形成的火山岩（因岩浆喷发的火山作用而形成的岩石，故又称火山岩），如火山碎屑岩、玄武岩等。

侵入岩则是因为岩浆在地表以下冷却凝固形成的火成岩，如脉岩、花岗岩（图 2–3）等。

据 SiO_2 重量百分数，火成岩常分为 4 大类：

超基性岩（$SiO_2 < 45\%$）：橄榄岩类；

基性岩（SiO_2 45% ～ 53%）：玄武岩类；

中性岩（SiO_2 53% ～ 66%）：闪长岩类；

酸性岩（SiO_2 > 66%）：花岗岩类。花岗岩（Granite）为显晶质酸性深成岩，颜色由肉红色至浅灰色。

图 2–3　花岗岩山体（华山，摘自网络）

相应的喷出岩是流纹岩（图 2–4）。

流纹岩（Rhyolite）：颜色浅褐红，流纹构造，斑状结构，基质玻璃质结构。主要成分为斑晶石英、透长石。

图 2–4　流纹岩（浙江雁荡山）

2. 沉积岩（曾称水成岩）

（1）沉积岩特征：成层堆积的松散沉积物固结而成的岩石。

沉积物指陆地或水盆地中的松散碎屑物，如砾石、砂、黏土、灰泥和生物残骸等。主要是母岩风化的产物，其次是火山喷发物、有机物和宇宙物质等。沉积岩分布在地壳的表层，在陆地上出露的面积约占 75%。

沉积岩具有层次，称为层理构造。层与层的界面叫层面，通常下面的岩层比上面的岩层年龄古老。许多沉积岩中有“石质化”的古代生物的遗体或生存、活动的痕迹——化石。

（2）沉积岩分类：

1）碎屑沉积岩：其他岩石的碎屑，如长石、闪石、火山喷出物、黏土以及变质岩的碎屑沉积形成的。最常见的是页岩、砂岩和石灰岩，它们占沉积岩总量的 95%。

页岩（Shale）：黏土类碎屑经过胶结以后形成的岩石，具片状结构；泥质的为泥页岩，砂质的为砂页岩，砂页岩厚状的又叫片岩，如斧劈石。

砂岩（Sandstone）：砂岩由碎屑和填隙物组成。碎屑成分以石英为主，其次是长石、岩屑、白云母、绿泥石、重矿物等（图 2–5）。

图 2–5　黄石自然山体

砾岩（Conglomerate）：碎屑主要是岩屑，只有少量矿物碎屑，填隙物为砂、粉砂、黏土物质和化学沉淀物质。

石灰岩（Limestone）：属于碳酸盐岩，主要由方解石和白云石等碳酸盐矿物组成，石灰岩主要是在浅海的环境下形成的（图 2–6）。

2）生物沉积岩：是由生物体的堆积造成的，如花粉、孢子、贝壳、珊瑚等大量堆积，经过成岩作用形成。

磷质岩（Phosphatic Rocks）：富含磷酸盐矿物的化学一生物化学沉积岩，又称磷块岩，P_2O_5 含量在 5% ～ 8% 之间，磷酸盐矿物主要是磷灰石的变种。

3）化学沉积岩：是指由母岩风化产物的溶解物质通过化学作用沉积而成的岩石，如岩盐、石膏等。

图 2-6　神农架板壁岩

3. 变质岩

变质岩是由原有岩石经变质作用而形成的岩石。

引起变质的原因:（1）高压;（2）高温;（3）岩浆侵入时对其他围岩边缘的挥发物质的变质影响。

根据变质作用类型的不同，可将变质岩分为 5 类:（1）动力变质岩;（2）热力变质;（3）接触变质岩;（4）区域变质岩和（5）交代变质岩。

大理岩（Marble）：主要由石灰岩、白云质灰岩、白云岩等碳酸盐岩石经区域变质作用和接触变质作用形成，方解石和白云石的含量一般大于 50%，有的可达 99%。

大理岩除纯白色外，还有浅灰、浅红、浅黄、绿色、褐色、黑色等，原因是大理岩中含有少量的有色矿物和杂质，如含锰方解石的大理岩为粉红色，大理岩中含石墨为灰色，含蛇纹石为黄绿色，含绿泥石、阳起石和透辉石为绿色，含金云母和粒硅镁石为黄色，含符山石和钙铝榴石为褐色等。

白色大理岩为细粒结构，质地均匀致密，称为汉白玉；浅灰色大理岩为中细粒结构，并具有各种浅灰色的细条纹状花纹，称为艾叶青。

五彩石: 形成年代约为震旦纪晚期、寒武纪早期的八村群浅变质砂页岩，属沉积岩类，距今约 6 亿年，主要成分二氧化硅，含多种元素，组成复杂，硬度为 4 ～ 6 度，玉化好的达到 6.5 度。

和田玉：产自昆仑山——阿尔金山脉，形成于两亿五千万年前的古生代晚期，是由中酸性侵入岩侵蚀交代白云石大理岩而形成的。

翡翠：含钠长石的火成岩侵入体（中—基性岩）。主要成分是钠铝硅酸岩 $NaAl(Si_2O_6)$ 钠铬辉石 $NaCr(Si_2O_6)$ 和霓石 $NaFe(Si_2O_6)$。

2.2　假山的地貌特征

地貌是地球表面各种形态的总称，是内外力地质作用对地壳综合作用的结果，有喀斯特地貌、丹霞地貌、张家界地貌、嶂石岩地貌、雅丹地貌、黄土地貌、冰川地貌等。

2.2.1　喀斯特地貌（Karst Landform）

具有溶蚀力的水对可溶性岩石（如碳酸盐岩、石膏、岩盐等）进行溶蚀等作用所形成的地表和地下形态的总称，又称岩溶地貌。喀斯特地貌在地表常见有石芽、溶沟、石林、漏斗、落水洞、溶蚀洼地、坡立谷、盲谷、峰林等地貌形态，而地下则发育溶洞、地下河等各种洞穴系统以及洞中石钟乳、石笋、石柱、石瀑布等（图 2–7）。

图 2–7　喀斯特地貌（贵州天星桥）

可溶性岩石大多为石灰岩，石灰岩的主要成分是碳酸钙（$CaCO_3$），易溶蚀，在有水和二氧化碳时发生化学反应生成碳酸氢钙［$Ca(HCO_3)_2$］：

$$碳酸钙 + 二氧化碳 + 水 \longrightarrow 碳酸氢钙$$

$$CaCO_3 + CO_2 + H_2O = Ca(HCO_3)_2$$

碳酸氢钙可溶于水，于是有空洞形成并逐步扩大。

自然界的岩洞，除了石灰岩溶洞外，还有一些为崩塌岩洞等，如杭州栖霞岭上的栖霞洞为崩塌岩洞；五大连池的仙女洞则是一条火山熔岩隧道。

自古以来，洞就与宗教紧密联系，佛教追求“超脱”“净化”，道教尊“洞天福地”为最佳的修炼之地，并构成道教虚构的“地上仙境”的主体部分，洞所特有的意境正好与佛、道所追求的境界相契合。道教中的“洞天福地”所指的就是道教虚构的仙境“洞天”即是“通达上天”的洞室，起初专“为神、仙”所居，后道门中人将“择址”建造的宫观也都称为“洞天福地”（图 2–8）。

在道路横穿溪涧时，为满足通行，常安桥、设汀步，同时桥、汀步也成为溪涧景观中重要组成部分，“小桥流水”即是溪涧造景所追求的意境。

图 2–8　苏州西山的林屋洞（为第九洞天）

2.2.2　砂岩地貌

砂岩地貌是指低注处砂砾沉积被压实后，由于地壳抬升成为山地，又被外营力切割形成的地貌。

1. 丹霞地貌（Danxia Landform）

丹霞地貌是指红色砂岩经长期风化剥离和流水侵蚀，形成孤立的山峰和陡峭的奇岩怪石，是巨厚红色砂、砾岩层中沿垂直节理发育的各种丹霞奇峰的总称。主要发育于侏罗纪至第三纪的水平或缓倾的红色地层中。这种地貌以粤北地区韶关市内的丹霞山最为典型，所以称为丹霞地貌，为中国 3 大砂岩地貌之一，如形成于白垩纪晚期的武夷山红色砂砾岩是典型的丹霞地貌（图 2–9）。

图 2–9　武夷山丹霞地貌

2. 张家界地貌（Quartz Sandstone Peak Forest Landform）

张家界地貌是一种石英砂岩峰林地貌，因流水侵蚀、重力崩塌、风化等外力形成，以棱角平直的高大石柱林为主，以解角成棱、兀立巍峨、丛聚如林的岩峰石柱群体的充分表露为主要特色（图 2–10）。

图 2–10　张家界石英砂岩地貌

3. 嶂石岩地貌

河北赞皇县的太行山中，是我国地理学家郭康于 20 世纪 90 年代发现的“嶂石岩地貌”的发现地与命名地。山势层峦叠嶂，悬崖峭壁，素有“百里赤壁、万丈红”之称，为中国 3 大砂岩地貌之一。

嶂石岩地貌主要由易于风化的薄层砂岩和页岩形成，多形成绵延数公里的岩墙峭壁，三叠崖壁，除顶层为石灰岩外，多由红色石英岩构成。远远望去，赤壁丹崖，如屏如画，甚为壮美。

2.2.3　雅丹地貌（Yardang Landform）

雅丹，又名“雅尔丹”，在维吾尔语中意为“风化土堆群”。现泛指干燥地区一种风蚀地貌是一种风蚀地貌，也叫沙蚀丘或风蚀丘，柴达木的雅丹（图 2–11），七千五百万年前盐和沙凝结地壳被西风侵蚀雕塑而成。广布于柴达木西北部，是世界最大最典型的雅丹景观之一。

图 2–11　雅丹地貌（摘自网络）

2.2.4　花岗岩地貌（Granite Landform）

花岗岩地貌是以花岗岩为主体形成的一种地貌类型。花岗岩因成因和岩性的不同形成不同的花岗岩地貌景观，如陡崖绝壁、石柱孤峰、两壁夹峙（一线天，图 2–12）、洞穴石窟、石蛋等，其景色各异，或雄或险，或奇或秀，如黄山、泰山、华山、三清山、九华山、天柱山、太姥山、普陀山等，它们中的多数已成为国家和世界地质公园或世界自然遗产地。

图 2–12　苏州天平山"一线天"

安徽黄山山体主要由燕山期花岗岩构成，垂直节理发育，侵蚀切割强烈，断裂和裂隙交错，长期受水溶蚀，形成峰林和壁立千仞的悬崖峭壁。

陕西华山主要是花岗岩悬崖峭壁景观，远眺似一朵盛开的莲花，由产状呈花岗岩基的岩体构成，以"险峻"著称于世，类似于"华山式"的花岗岩景观有安徽的天柱山、朝鲜的金刚山等。

山东泰山是山东丘陵中最高大的山脉。在长达数千万年的抬升和剥蚀过程中，前寒武纪时期发育的花岗岩、变质岩核心暴露出来，因其抗风化能力强，形成峰峦高崖的泰山（图 2–13）。

图 2–13 泰山花岗岩与侵入岩风化的自然节理

2.3 常见假山石材简介

我国幅员辽阔，各个地质历史时期的地质作用都有表现，因此各类石材资源丰富。在观赏石方面，宋代杜绾撰写的《云林石谱》一书中载有 116 种石种；宋代常懋《宣和石谱》则是记载宋徽宗营造艮岳的 65 种石头；明代林有麟《素园石谱》录入名石种或名石品 102 种（件）。然而并不是所有的山石都可以用来堆叠假山的，用于掇山之石相对较少，明代计成在《园冶》特列选石一章，共录有 16 种石种，其中用于掇山的仅有 10 种左右。目前用于掇山的常用石种约有 30 多种，而按地质学的岩石分类归属不到 10 种。

在假山选石上，园林专家陈从周教授在分析了清末至民初的假山（陈氏称之为"同光体"假山）无佳构的原因后，在《叠山首重选石》一文中指出："予尝谓同光体假山其尚有致命之丧，盖不重选石。选石者，叠山之首重事也。"因此凡是从事假山之业者，必先深谙石性，尤以注重山石的形态，要富有变化，具有不同纹理，忌平淡无奇，同时也要考虑山石的色调，堆叠时注意假山的色调和谐。

一般传统所选的假山石料多以层积岩为主，纵观江南地区的园林假山，尤以太湖石假山和黄石假山为多。北方园林则以房山石、青石、千层石等为多。

2.3.1 太湖石

太湖石，俗称湖石，是产于太湖周边的石灰岩，在历史上尤以产于苏州太湖洞庭西山一带的太湖石最为有名（图 2–14），唐代白居易在《太湖石记》中说："石有聚族，太湖为甲，罗浮、天竺之石次之。"宋杜绾《云林石谱》："平江府（即苏州）太湖石，产洞庭水中，性坚而润，有嵌空穿眼、宛转险怪之势。一种色白，一种色青而黑，一种微青。其质纹理纵横，笼络隐起，于石面遍多坳坎，盖因风浪冲激而成，谓之'弹子窝'，扣之，微有声。"

太湖石是由石灰岩遭到长时间侵蚀后慢慢形成的，分有水石和旱石两种。水石是在河

图 2–14　苏州太湖西山某岛的原生态太湖石

湖中经水波荡涤，历久侵蚀而缓慢形成。旱石则是地质时期的石灰石在酸性红壤的历久侵蚀下形成。形状各异、姿态万千、通灵剔透的太湖石，最能体现“皱、漏、瘦、透”之美，其色泽以白石为多。

奇形怪状的太湖石犹如一尊尊介于具象与抽象之间的雕塑，似像非像、天然成趣，使众人猜测纷纭、浮想联翩，给人以景外之景，联想无穷的艺术享受。如苏州织造署（今苏州市第十中学）的瑞云峰、苏州留园的冠云峰、上海豫园的玉玲珑，都是因得云之神韵，而称之天下奇石。

太湖石到明末已经开采得差不多了，所以《园冶》说：“自古至今，采之已久，今尚鲜矣。”其后，便以其他地方的石灰岩代替了太湖石，如《扬州画舫录》说：“若郡城所来太湖石多取之镇江、竹林寺、莲花洞、龙喷水诸地所产，其孔穴似太湖石，皆非太湖岛屿石骨。”南京近郊的龙潭、青龙山，镇江地区的句容等地均产类似于太湖石的石灰岩。

2.3.2　龙潭石

龙潭石产于南京龙潭，类似于太湖石的石灰岩。《园冶》：“有露土者，有半埋者。一种色青，质坚，透漏文理如太湖者；一种色微青，性坚，稍觉顽夯，可用起脚压泛；一种色纹古拙，无漏，宜单点；一种色青如核桃纹，多皴法者，掇能合皴如画为妙。”

2.3.3　青龙山石

青龙山石产于南京青龙山，类似于太湖石的石灰岩。《园冶》说，有一种带大圈大孔的，全由工匠凿下来之后用作峰石，但是只有一面好看。这种石头可以点缀于竹树之下，不可高掇，适合堆叠小型假山。

2.3.4　宜兴石

宜兴石产于宜兴的张公洞、善卷寺一带，类似于太湖石的石灰岩。石质坚硬险怪且有孔洞，颜色分两种，一种色黑质粗略带黄色，另一种色白质细。宜兴石因不够坚硬而不易用来悬挑。

2.3.5　岘山石

岘山石产于镇江南郊岘山一带，类似于太湖石的石灰岩。《园冶》云：“小的可以整体挖出来，大的则需要凿断取出。其形态奇怪万状，颜色偏黄，清润而坚实，扣之有声。还有一种呈灰青的，石多穿眼相通，可掇假山。”

2.3.6　巢湖石

巢湖石产于安徽省巢湖周边地区，类似于太湖石的石灰岩，有大小不一的圆润孔洞。石内常有方解石组成的“筋脉”纵横穿插，同时含有丰富的海生无脊椎动物化石。不少巢湖石上还生有硅质或泥钙质的“石瘤”，突出石表、奇异无比。

2.3.7　广西太湖石

广西太湖石又称来宾石，产于广西崇左市、来宾市合山县等地。形状特征与太湖石类同，颜色灰黑，表面光滑圆润，多洞穴弹窝，玲珑剔透，质地比太湖石松软多裂隙，有俊逸、清幽之感。由于其资源丰富，现在掇山多用此石。

2.3.8　房山太湖石

房山太湖石也称北太湖石，产于北京市房山区山地。该石为石灰岩，新开采的呈土红色或桔红色，或更淡一些的土黄色。形状大体和南方太湖石相似，具有太湖石的涡、沟、环、洞的变化。密度比南方太湖石大，扣之无共鸣声，体态嶙峋，质地坚硬，比较接近镇江的岘山石。一般用作修筑叠石假山，如北京恭王府花园滴翠岩大假山以及著名的独乐峰（图 2–15）。

图 2–15　北京恭王府花园中的独乐峰

2.3.9　宣石

宣石产于安徽省南部宣城、宁国一带山地。质地细致坚硬，表面棱角非常明显，有沟纹，皱纹细致多变；石面有白色的石英晶簇或具晶洞的“脉石英”，其色有如积雪覆盖于灰色石上，由于它有冬天残雪未消一样的外貌特征，所以扬州个园用它来作为冬山的掇山材料。清代乾隆年间的李斗在《扬州画舫录》中说：“若近今仇好石垒‘怡性堂’宣石山，淮安董道土垒九狮山，亦藉藉人口。”另有一种变质岩，愈旧愈白，俨如雪山也。一种名“马牙宣”，可置几案。

2.3.10　灵璧石

灵璧石因产于安徽省灵璧县而得名。狭义的灵璧石是专指产于灵璧县渔沟镇磬云山以北的巧石，色泽为黑，常奇巧美感。广义的灵璧石则是指产于灵璧一带所有的观赏石，包括磬石以及五彩灵璧等。灵璧石之所以“黝黑如漆”，主要是有机物的超显微粉尘状质点，在岩石形成过程中，当 $CaCO_3$ 结晶沉淀时，渗透到方解石晶粒、晶体的间隙造成的。在外营力地质作用下，易溶的石灰岩被溶蚀出穿透、连贯的洞穴，造成奇特的“透、漏”现象。节理的劈裂，再经风化作用修削，正是“瘦”产生的主因。不同岩性配合同生变形构造，小型褶皱表现出的差异风化，恰好是制造“皱”的原因。宋代杜绾《云林石谱》说：“石产土中，采取岁久，穴深数丈。其质为赤泥渍满，土人多以铁刃遍刮三两次，既露石色，即以黄蓓箒或竹箒兼磁末刷治清润，扣之铿然有声。石底多有渍土，有不能尽去者，度其顿放，即为向背。石在土中，随其大小，具体而生，或成物象，或成峰峦，巉岩透空，其状妙有宛转之势。”（图 2–16）灵璧石常用来堆叠小型假山，如上海豫园。

图 2–16　明代吴彬为米万钟画灵璧石《岩壑奇姿》局部

2.3.11　英石

英石因产于广东英德一带而得名，又称英德石，属石灰岩，由于灰岩中不均匀地含有少量硅质，经雨淋蚀等作用自然风化和长期侵蚀，不含硅质部分较易风化流失而内凹，含硅质部分抗风化能力较强而保留成某种皴系，所以外形嶙峋剔透，多皱褶棱角，涡洞互套，瘦骨铮铮，清奇俏丽。其色多为灰黑色或浅灰色，常间有白色或灰白色脉纹，石形以多孔、表面褶皱繁密而富有变化者为上品（图 2–17）。

图 2–17　英石

英石常用来堆叠小型假山，效果奇特，如明代陈所蕴的日涉园内，在“小有洞天”小室前叠有英石假山，“庭前则叠英德石为山，奇奇怪怪，见者谓‘不从人间来’。”

2.3.12　斧劈石

因其有板状、片状及条状似斧劈而成，表面纹理又与中国山水画中的“斧劈皴”相似而得名。由石灰质和碳质构成的页岩，主要成分仍以碳酸钙为主，因其中含有较多的镁及云母片而使其易分层成片，产于江苏常州一带。具竖线条的丝状、条状、片状纹理，又称剑石（图 2–18），外形挺拔有力，但易风化剥落。产于湖北孝感的深灰色中含有白色线状

图 2–18　苏州狮子林假山上的斧劈石

夹质、表面纹理具有良好的条纹、丰富的层次感的斧劈石，是制作假山、盆景的好材料。斧劈石现在常用于小型假山的制作。

2.3.13　黄石

黄石是一种带橙黄颜色的细砂石，各地皆产。产于苏州、常州、镇江等地的黄石，其形体顽夯，棱角分明，节理面近乎垂直，纹理古拙，质感浑厚敦实，具有强烈的光影效果。明代中晚期后，随着太湖石资源的枯竭，因黄石资源丰富，易于采集，便成为江南园林假山的主要叠石掇山的材料，并能与太湖石分庭抗礼。如苏州耦园、上海豫园、无锡寄畅园、扬州个园等都有大型黄石假山。

2.3.14　武康石

武康石因产于浙江武康而得名，今属湖州市德清县。包括园林假山石和建筑石材两种，前者多见于文献著录，但罕见于实物；后者虽疏于记载，却多见于实物史迹。建筑用材的武康石又称武康紫石，是一种属于火山喷出岩中的融结凝灰岩，质地硬度适中，可雕琢出复杂的艺术图案，多用于桥梁、建筑石柱等。自然状态多数呈淡紫色，少数呈黄褐色。在古代紫色象征着祥瑞，所以弥足珍贵。

另一类是园林叠山用石的武康石，又称武康黄石，属于砂岩，色泽黄褐，常风化成块状的不规则形态，棱角分明。《云林石谱》："浙中假山藉此为山脚石座，间有险怪尖锐者，即侧立为峰峦，颇胜青州。"明代上海豫园主人潘允端在《豫园记》中说：在征阳楼"前累武康石为山，峻赠秀润，颇惬观赏。"现在上海豫园大假山就是由武康黄石堆叠而成的。

2.3.15　青石

青石是一种呈现青绿色或者青灰色的细砂类岩石，其节理面不像黄石那样规整，缺少相互垂直的纹理，但棱角分明，多呈块状或者片状，故又有"青云片"之称。北京恭王府花园中的垂青樾和翠云岭等用纯青石堆叠而成（图 2–19）。有刚劲雄健的气势，其土石山

图 2–19　北京恭王府花园青云片假山

假山内外两侧亦多用青石堆叠，顶部点缀以青石和石笋，营造出宏伟的石山视觉效果。恭王府花园的青石假山在掇山手法的基础上依据石块节理采用“横云式”叠法，形成状如堆云、气势连贯的效果。

2.3.16　千层石

千层石是沉积岩的一种，其纹理成层状结构，在层与层之间夹一层浅灰岩石，石纹成横向，外形似久经风雨侵蚀的岩层。千层石外形平整，石型扁阔，纹理独特。以此石叠制的假山，纹理古朴、雄浑自然，易表现出陡峭、险峻、飞扬的意境。给观赏者以高山流水，归游自然的欣悦。

2.3.17　石笋石

石笋石是一种风化后呈灰白或灰褐色的泥砾岩，它是内陆盆地内不稳定环境下沉积的产物。其中椭圆等形态的砾石（即艺术上称之为白果），因其成分为泥质或泥钙质，含盐类泥质，所以叫泥砾。经流水冲刷——溶蚀作用，泥砾易剥落或溶蚀，因此在风化面上常形成椭圆形等形状的孔穴，与整个石料呈现的独特的笋状相互衬托，成为有一定艺术价值的石种。石笋石常被应用于假山之巅，或点缀于竹林之中，前者如苏州的狮子林（图 2-20），后者如扬州个园的“春山”。

图 2-20　苏州狮子林假山上的石笋石

2.3.18　砂积石

砂积石又称砂碛石，或沙片石，是一种钙质砂岩。主要产于四川西南部和重庆等地。砂积石是河道中的砂岩层经过水流长期冲刷、积淀而形成，是由泥砂和与碳酸氢钙胶结而成的。在色泽上有青、黄之分，青色属钙质砂岩，一般称为青砂；黄色则属铁质砂岩，含铁量较重，一般称为黄砂。若砂质含量较低，泥质成分偏高的又称为泥结石。砂积石属硬质石材，有一定吸水性，便于生苔。由于其自身造型良好，稍作加工即可组合景观，适宜于山水盆景式的小型假山。

2.3.19　黄蜡石

黄蜡石在我国的主要产地为广东、广西和云南，黄蜡石的主要化学成分是二氧化硅，在岩石学上属于硅化安山岩或砂岩，表面有一层质地细润似蜡质的低温溶物层（图 2–21）。因为后期遭受沙砾等的磨蚀，蜡石表层通常比较圆滑光亮，表面上形成一层质地细腻，呈蜡状的釉彩。在现代岭南园林中，常用以假山驳岸，或叠石成山。

图 2–21　黄蜡石

2.3.20　卵石

卵石是岩石经自然风化、水流冲击和摩擦所形成的卵形、圆形或椭圆形的表面光滑的石块，具有抗压、耐磨、耐腐而又质地坚硬的特点。其大小、色泽、形状、质地、纹理等常常千变万化，但主要成分是由长石、石英、云母等。作为一种天然的园林假山石早已在中国园林中得到广泛应用，如苏州虎丘山真娘墓等；也常用于园林绿地中，可作特置石、散置石、石驳岸等。

第 3 章　假山的设计和空间组织

园林地貌是园林用地范围内的峰、峦、坡、谷、湖、潭、溪、瀑等山水地形地貌，是园林的骨架，是整个山水园林赖以存在的基础。

3.1　假山的组合单元

五代的荆浩在《笔法记》中说:“山水之象，气势相生。故尖曰峰，平曰顶，圆曰峦，相连曰岭，有穴曰岫，峻壁曰崖，崖间崖下曰岩，路通山中曰谷，不通曰峪，峪中有水曰溪，山夹水曰涧”（图 3–1）。

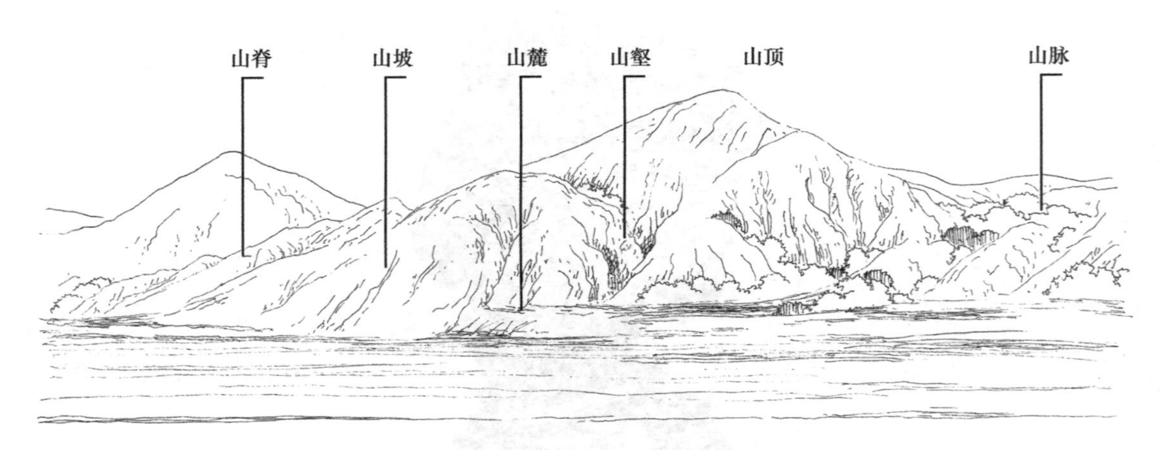

图 3–1　山的各部名称（王惠康绘制）

在明晚期至清代中叶的假山组合单元中，主要有绝壁、峰、峦、谷、涧、洞、路（蹬道）、桥（石梁）、平台、瀑布等，并将这些单元有机地组合起来，凝练为真山一般的假山。

3.1.1　峰

《说文》云:“尖曰峰。”一般指尖状山顶并有一定高度，多为岩石构成（图 3–2）。也有断层，褶皱或铲状、垂直节理控制的结果，也有的是火山锥。

一般一座假山只能有一个主峰，而且主峰要有高峻雄伟之势，其他的山峰则不能超过主峰，正如王维《山水诀》中所说的:“主峰最宜高耸，客山须是奔趋。”以形成山峰的宾主之势。各峰、峦之间的向背俯仰必须彼此呼应，气脉相通，布置随宜，而忌香炉蜡烛、刀山剑树式的排列。

园林中的假山，峰的数量和位置，一般都是根据假山的形体、大小来决定的。

图 3–2　自然界的山峰（贡嘎山）

3.1.2　峦

峦即馒头状的山峰,《六书故》:“圜峰也”。一般假山的结顶处，不是峰便是峦。大型假山尤应注意结顶，做到重峦叠嶂、前后呼应、错落有致。如苏州环秀山庄太湖石假山采用“峦”的形式进行收头（图 3–3），气势非凡。而苏州园林中的土山均为峦之形式，如拙政园中部的东、西两岛。《园冶》:“（峦）不可齐，亦不可笔架式。或高或低，随致乱掇，不排比为妙。”

一般峦的数量和位置，也都是根据假山的形体、大小来决定的。

图 3–3　苏州环秀山庄太湖石假山的山峦

3.1.3　绝壁

绝壁是一种极陡峭而很难攀援的险要山崖（图 3–4）。明末叠山大家都善于堆叠石壁，如计成“遂偶为成壁。睹观者俱称：‘俨然佳山也。’”明晚期造园大师张南阳为当时文坛领袖王世贞的“弇山园”中所掇的石壁——“紫阳壁”：“壁色苍黑，最古，似英，又似灵璧，谽谺摶攫，饶种种变态，而不露堆叠迹……客谓予：‘世之目真山巧者，曰似假，目假者之浑成者，曰似真，此壁不知作何目也？’”这座似以英石、灵璧石堆叠而成的石壁，景象深邃空广而姿态丰富灵动，浑然天成，毫无人工凿斧痕迹，被观者赞其颇具真山气脉。明晚期掇山大师周秉忠为现在留园的前身——徐氏东园所掇的“石屏”假山同样也是座石壁假山。

图 3–4　自然界中的山体绝壁

用太湖石叠砌的绝壁（石壁）是以临水的天然石灰岩山体为蓝本的，由于其受波浪的冲刷和水的侵蚀，会在表面形成若干洞、涡以及皱纹等，并会产生近似垂直的凹槽，其凸起的地方隆起如鼻隼状，如苏州环秀山庄的太湖石假山绝壁。

大小不一的涡内，有时有洞，但洞则不一定在涡内。洞的形状极富变化，边缘几乎都为圆角，在大洞旁往往错列有一、二小洞。环秀山庄的石壁，主要模仿太湖石涡洞相套的形状，涡中错杂着各种大小不一的洞穴，洞的边缘多数作圆角，石面比较光滑，显得自然贴切（图 3–5）；该假山西南角的垂直状石壁作向外斜出的悬崖之势，堆砌时不是用横石从壁面作生硬挑出，而是将太湖石钩带而出，去承受上部的壁体。这样既自然、又耐久，浑然天成，而不像有的假山用花岗岩条石作悬梁挑出，再在条石上叠砌湖石，显得生硬造作。

黄石和石灰岩一样，在自然风化过程中，岩面的石块会有大有小，也会有直有横有斜，互相错综，而且有进有出，参差错落。

苏州耦园东部黄石假山的绝壁最能体现这种情形，其直削而下临于池，横直石块大小相间、凸凹错杂，似与真山无异（图 3–6），园林学家刘敦桢教授认为：“此处叠石气势雄伟峭拔，是全山最精彩的部分。”

图 3–5　苏州环秀山庄的太湖石假山绝壁

图 3–6　苏州耦园东部黄石假山绝壁

3.1.4　谷

山谷指山地中较大的条形低凹部分，或两山间峭壁夹峙而曲折幽深、两端并有出口者称谷，主要是构造作用、流水或冰川侵蚀的结果。经常被用作通过高山的道路。

按结构可分为：断层谷、向斜谷、背斜谷等。

东非大裂谷（East African Great Rift Valley）被称为地球伤痕，是世界上最大的断层陷落带。

古代名园称谷者如明代无锡的愚公谷、清代扬州的小盘谷等。在现存的假山作品中，以苏州环秀山庄假山中的谷最为典型，两侧削壁如悬崖，状如一线天，有峡谷气氛（图 3–7）。苏州耦园的黄石假山有“邃谷”一景，其将假山分成了东、西两部分，中间的谷道宽仅 1m 左右，曲折幽静，刘敦桢教授认定为清初“涉园”遗构。

图 3–7　苏州环秀山庄假山中的谷

3.1.5　涧

谷中有水则称之为涧，涧是穿梭在群山之间的小溪或河流。

著名者如无锡寄畅园内的假山中用黄石叠砌而成的“八音涧”（图 3–8），二泉细流在涧中宛转跌落，琤琮有声，如八音齐奏。苏州留园中部的池北与池西假山相接的折角处，设计成水涧（图 3–9），正如山水画中的“水口”，《绘事发微》中说：“夫水口者，两山相交，乱石重叠，水从窄峡中环绕湾转而泻，是为水口。”用黄石叠砌的水涧，显得壁立竦峭，如临危崖，涧中清流可鉴，因此上佳的假山，必定缩地有法，曲具画理。《园冶》云：“假山以水为妙，倘高阜处不能注水，理涧壑无水，似有深意。”这可能是假山中“旱园水做”的一种方法，所以像留园西部的假山有一条用黄石叠砌的山涧，从山顶盘纡曲折而下，直到山脚下的溪边，虽然此山涧无水，但亦能感到其意味深远，而如遇大雨滂沱时，又具备泄水的功能。

图 3–8　无锡寄畅园八音涧

图 3–9　苏州留园中部假山的夹涧

3.1.6　洞

在道教“仙山系列”中，天下有“十大洞天”“三十六小洞天”和“七十二福地”，“洞天福地”冬暖夏凉，那是“神仙”居住的地方。入洞探幽和登高远眺一样，是十分吸引游人的项目，老少咸宜。中国园林假山主要表现的就是这种人间仙境，因此园林中常常有假山洞壑，丰富了园林景观的形式和内容，怀有高超绝技的造园大师，都以堆叠假山洞一较技艺之高低，钱泳在《履园丛话》中说：“近时有戈裕良者……尝论狮子林石洞，皆界以条石，不算名手。余诘之曰：‘不用条石，易于倾颓奈何？’戈曰：‘只将大小石钩带联络，如造环桥法，可以千年不坏。要如真山一般，然而方称能事。'"苏州环秀山庄太湖石假山和常熟燕园的黄石假山（图 3-10）就是其代表作品，水平之高超无出其右。

山洞的形成主要是石灰岩地区地下水长期溶蚀的结果。石灰岩中的钙被水溶解带走，经过百万年至上千万年的沉积钙化，石灰岩地表就会形成溶沟、溶槽，地下就会形成空洞。含钙的水，在流动中失去压力，或成分发生变化，部分钙会以石灰岩的堆积物形态沉淀下来，因免受自然外力的破坏，便形成了石钟乳、石笋、石柱等自然景观。

图 3-10　常熟燕园的黄石假山山洞

3.1.7　蹬道

蹬道是指有踏级的道路。唐代王维："自大散以往，深林密竹，蹬道盘曲四五十里，至黄牛岭，见黄花川。"

用山石叠砌而成的蹬道是园林假山的主要形式之一，它能随地形的高低起伏、转折的变化而变化。无论假山的高低与否，蹬道的起点两侧一般均用竖石，而且常常是一侧高大、另一侧低小，有时也常采用石块组合的方式，以产生对比的效果。竖石的体形轮廓以浑厚为佳，而忌单薄尖瘦；有时为了强调变化，也常采用斜石，给人以飘逸飞动之感。如盘山蹬道的内侧是高大的山体，外侧为水体或峭壁，则蹬道的外侧常被设计成护山式石栏杆，如苏州耦园黄石大假山临水蹬道（图 3-11）。蹬道的踏步一般选用条块状的自然山石，在传统的假山或整修中，也出现过太湖石假山蹬道采用青石、黄石假山蹬道采用花岗岩（俗称麻石）条石作踏步的情况。与假山蹬道相连的假山道路的路面一般以青砖仄砌为多（图 3–12），少数还采用花街铺地的形式，在路面点缀一些吉利图案，如“瓶生三戟”（“平升三级”）、“盘长”（“百结图”，亦称“中国结”）等。另一种则用乱石铺地或石片仄铺的形式，显得古朴自然，意趣无穷。

图 3–11　苏州耦园黄石大假山蹬道

图 3–12　苏州拙政园绣绮亭假山蹬道

在园林中还有一种与楼阁相结合的室外楼梯式的假山蹬道，这就是楼阁建筑与叠山艺术相结合的云梯假山。所谓云梯，就是人行其中，随蹬道盘旋而上，有脚踩云层，步入青云之感。所以其选用的石料多为灰白色的太湖石，以求神似。留园明瑟楼的“一梯云”假山（图 3–13）的山墙上，有董其昌所书的“饱云”一额，正写出了云梯假山的高妙境界。《园冶》说:“阁皆四敞也，宜于山侧，坦而可上，更以登眺，何必梯之。”说明云梯假山一般均隐设于楼阁之侧，以免影响楼阁的正面观景，如留园冠云楼前的云梯设于楼的东侧，而网师园梯云室前的云梯假山则设于五峰书屋的山墙边，借此云梯，可登五峰书屋的二楼。

图 3–13　苏州留园明瑟楼的“一梯云”假山蹬道

3.1.8　瀑布

瀑布，是指河流或溪水经过河床纵断面的显著陡坡或悬崖处时，垂直或近乎垂直地倾泻而下的水流。

在地质学上，是由断层或凹陷等地质构造运动或火山喷发等地表变化造成河流的突然中断，另外流水对岩石的侵蚀和溶蚀也可以造成很大的地势差，从而形成瀑布。苏州园林中的瀑布以大自然为蓝本，因地制宜地设置，如常常利用屋檐雨水来存水或在假山顶部设置水箱和水闸存水，待观赏时才开闸放水。苏州狮子林瀑布经太湖石三叠而下（图 3–14），气势宏伟，泻于玉鉴池中，确是一片奇观。

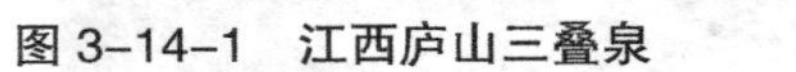

图 3-14-1　江西庐山三叠泉

图 3-14-2　苏州狮子林假山瀑布

3.1.9　桥（石梁）

桥是指架在水上或空中便于通行的建筑物。《说文》:“桥，水梁也。从木，乔声。骈木为之者，独木者曰杠。”桥的形式众多，如最早的浮桥、梁式石桥、明清的石拱桥等。自然界也存在着一些天然石梁（图 3-15），园林中则以梁式石桥为多，如九曲桥等。园林假山中常仿造天然石梁，采用梁式石桥，如苏州环秀山庄假山上的太湖石石梁、苏州拙政园中部假山上的花岗岩石梁（图 3-16）等。

图 3-15　东莞天然石桥（王惠康绘制）

图 3–16　苏州拙政园假山上的花岗岩石梁

3.1.10　汀步

汀步又称汀步桥、踏步桥、点式桥。为了满足人们亲近水面，增加游园趣味，又能满足园林交通的需要，按一定距离而设置的块石踏步点。园林假山中的汀步主要指采用与假山一致的天然石块布置，露出水面的汀步能使景观更好地融入自然环境，显得天然而有趣味，人行其上，宛如莲步水际。汀步的多少常根据水面和假山的体量而定，多者如南京瞻园太湖石主假山的汀步，少者只有一个，如苏州天香小筑假山汀步（图 3–17）。汀步常用整块踏面平整的单块山石，也可用小山石进行拼砌，但必须稳固。

图 3–17　苏州天香小筑假山汀步

3.1.11　山脉

指沿一定方向的若干相邻山岭并有规律分布的山体的总称，由于外观很像血脉，因此得名“山脉”。

陈从周先生在分析了明代假山后指出，尽管其布局至简，只有蹬道、平台、主峰、洞壑等数事而已，但能千变万化，“其妙在于开阖”“开者山必有分，以洞谷出之。”如上海豫园、苏州耦园的黄石假山；“而山之余脉，石之散点，皆开之法。”像旱假山的山根、散石等，水假山的石矶、石濑（流水冲激的石块）等。“阖者必主峰突兀，层次分明。”（《续说园》）所以假山的组合与布局，不管是一峰独峙，还是两山对峙，或平冈远屿、或崇山峻岭、或筑室所依、或隔水相望，都应该做到主次分明、顾盼有致、开阖互用。

3.2　假山的设计

3.2.1　假山的平面设计

1. 单体假山的平面设计

园林假山的平面设计是在一定的空间内将假山的若干个组合单元度势布局，相宜构筑。《园冶・掇山》云：“岩、峦、洞、穴之莫穷，涧、壑、坡、矶之俨是……蹊径盘长，峰峦秀而古，多方胜景，咫尺山林，妙在得乎一人，雅从兼于半土。”意思是说：假山的峰峦洞壑等奇妙胜景的多方安排，是否具有山林之妙，主要还是得之于设计者的一人之功，而假山的雅趣，还得从叠石中留土而来，留土方能植树，以得山林之趣，否则假山便会了无生趣。所以园林假山的成败得失，第一就是假山的设计。

园林单体假山的平面设计就是将上一节所说的假山主峰（峦）、绝壁、谷、洞、路（蹬道）、涧、桥（石梁、汀步）、平台等单元组合起来，其组合设计的方法大抵是临池一面建有绝壁，绝壁下设路（有的则以位置较低的石桥或石矶作陪衬），再转入谷中，由蹬道盘旋而上，经谷上架空的桥（石梁），至山顶，山顶上或设平台，或建小亭，以便休憩、远望（图 3–18）。

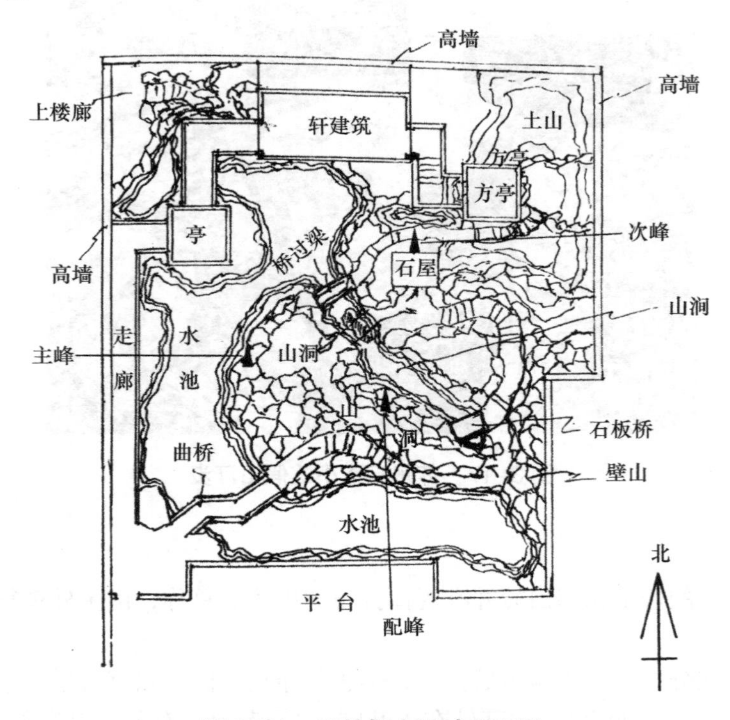

图 3–18　园林假山设计平面图

园林单体假山的平面设计必须明确主次关系与结构布局，做到主次分明，如主山（主峰）在体量或高度上处于主体地位，为减少叠山石料，所以常在主山（主峰）中设置山洞，并在洞壁上开设透光通风的窗洞。而客山（次峰）与余脉则处于从属地位，主、客山（或峰）之间可以涧、谷或山壑进行过渡，但必须做到结构完整，脉络清晰，形成一个完整的整体。一般峰、峦的数量和位置，都是根据假山的形体、大小来确定的；而石洞只不过一二，常隐藏于山脚或山谷之中；少数在山上再设瀑布，经小涧而流至山下。但园中假山并不一定都具备这些单元，有的只是部分，如明代假山的主体，多半用土堆成，只是假山临水处的东麓或西麓建一小石洞，如苏州艺圃在山的西麓，南京瞻园在山的东麓。这种办法既可节省石料、人工，又可在山上栽植树木，以形成葱郁苍翠的山林之气，其景与真山无异。至于清末的假山，则形体多半低而平，在横的方向上，很少有高深的谷、涧以及较大的峰峦组合，仅在纵的方面，以若干蹬道构成大体近于水平状的层次。如苏州耦园东部的大黄石假山，其主山（峰）位于东侧，体量极大，山势险要；而客山则位于西侧，体量也较小，山势平缓，形成余脉；主、客山之间用仅有 1 m多一点的宽的“邃谷”作过渡（图 3–19）。

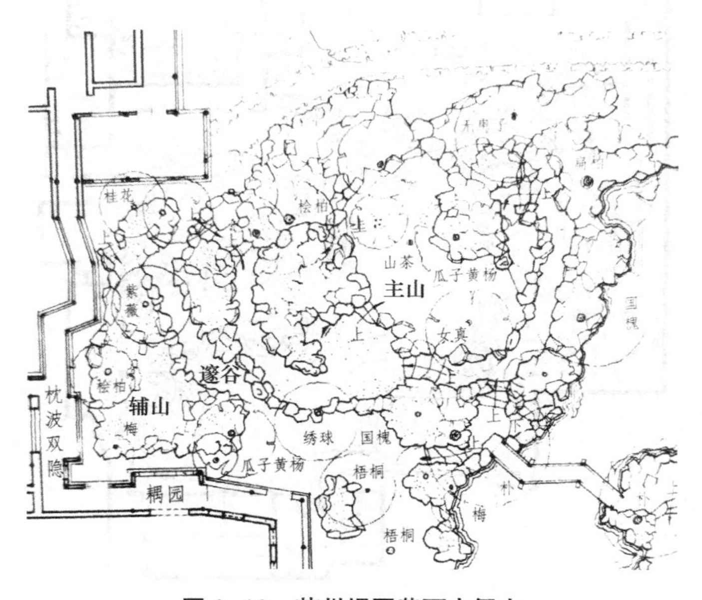

图 3–19　苏州耦园黄石大假山

2. 组合假山的平面设计

园林假山的设计首先必须充分考虑到园林的环境条件，然后根据造园的主题，因地制宜地来确定假山的布局、体量、走势、叠山类别以及艺术风格等。尽管在假山设计中无特定的成法，但在平面布局上，一般常采用不等边三角形的平面呼应式的组合关系，首先要明确主次关系与结构布局，确立平面呼应式的组合关系，先确定主山，然副山，再余脉，以求在布局做到主次分明，脉络清晰，结构完整，在空间构图和视觉上达到不对称的均衡，来获得稳定的平衡感。要突出主山、主峰的主体地位，客山（次峰）、辅山、余脉与主山相辅相伴。

以苏州留园中部的山水园为例，其假山的设计采用“主山横者客山侧”的侧旁布局手法，将其主山安排在水池北，山势横向而立，山峦起伏，呈远山之势；副山（亦称辅山）则利用池西大型土石假山的局部（陡坡）列于主山之侧，并用云墙（龙脊墙）作隔景，以控制其体量，使山势显得险要高峻，山岩节理分明，既得近山之质，又具侧峰之势；在两山相交会的犄角处，用竖向的岩层结构构筑了幽深的峡涧（即中国传统山水画中的所谓“水口”），上架飞梁，作为联系过渡，再在池东用“小蓬莱”小岛作平衡（图 3–20），形成有绵亘、有起伏、有曲直、有过峡，形势映带，屈曲奔变的山林景象，堪得“横看成岭侧成峰”的山体意趣。游人从池西副山上俯视，觉得山高水深；而由主山南的池岸蹬道上观赏水面，又觉得水面近在眼前，具有水宽弥漫之感。这是在假山的山体造型上有意采用了错觉的手法，以达到山高水近的意境。人行其中，犹如置身于群山间，时而在山侧，时而临水际，情趣盎然，其乐无穷。复杂的假山组合则可有若干个副山和余脉，并在平面布局上形成呼应或映衬的不对称多边形，以求均衡。

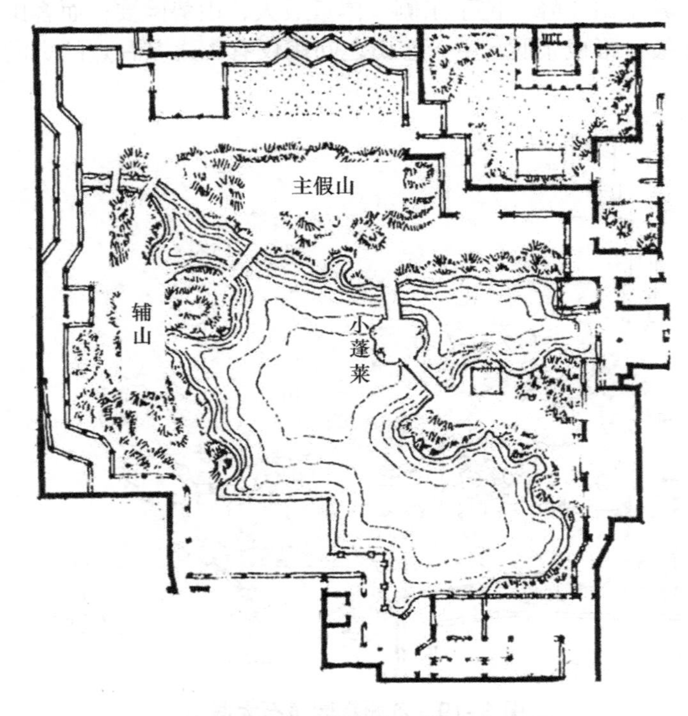

图 3–20　苏州留园中部假山平面图

3.2.2　假山的立面设计

假山的平面设计是结合园林地形进行合理布局，它只是空间构图的地形位置安排。而园林假山的关键还在于空间的立面观赏，所以假山的立面设计才是假山造型设计的关键所在，一座假山在平面设计时就应该构思其立面的造型问题（图 3–21）。由于大自然中山岳地貌的造型都是在重力作用下形成的，人类生活在地球表面上也受重力作用的影响，所以假山的立面造型必须以静力平衡为原则，即便是为了假山的艺术美，在其造型中出现不稳定感，但在结构力学上仍然必须按平衡分配法，获得静力平衡关系，以达到外形似不稳定中的内在平衡。

图 3-21　假山立面图（王惠康供稿）

具体而言，假山的立面设计应考虑到体、面、线、纹等问题。

1. 体

体是指假山的体形，设计时除应充分考虑到视距与假山（被观赏景物）体量间的比例关系外，在具体的立面设计时，首先是它的体形，或高耸或平缓或巍峨或险峻，并对其山巅、山腰、山角等块体作出合理的布局和艺术处理，这方面的设计可充分借鉴中国传统山水画的画法来表达，正如画论所说的："主峰最宜高耸，客山须是奔趋。"对于立面设计的多个体形的组合，尤其是山峰的组合，我们也不妨借鉴一下空间三角形的组合方法，以苏州网师园"云冈"黄石假山为例，其表现的是云雾缭绕的岩冈（冈即山脊），摹拟的是自然景观中突兀耸立的硬质巨岩的断层地貌，三组于"天池"边突兀而起的黄石岩冈耸立于眼前，因此看不到左右的山脚，而其形成的却是断层岩体的层状结构节理（图 3-22），这与耦园黄石假山所选用的竖直而巨大的黄石岩块而形成的险峻山峰（图 3-23），形成了鲜明的对比。这种空间三角形组合的特点是在各个观赏视点上，不会造成重叠图像的现象。

图 3-22　苏州网师园"云冈"黄石假山山体

图 3–23 苏州耦园黄石大假山山峰

2. 面

面是指一座假山在空间立面上所呈现出来的平、曲、凹、凸、虚、实等观赏质感。立面设计切忌铜墙铁壁式的平直，而应该利用石块的大小、纹理、凹凸以及洞壑等显示出明暗对比，正如画论所云："而其凹处，天光所不到，石之纹理晦暗而色黑；至其凸处，承受天光，非无纹理，因其明亮而色常浅"（沈宗骞《芥舟学画编》）。如苏州耦园黄石叠砌的临水石壁，用横竖石块，大小相间，凹凸错杂，其与真山无异；而太湖石假山则应用大小石块钩带成涡、洞、皱纹等。同时，叠石应以大块为主，小块为辅，石与石之间应有距离，这样可在光照下形成阴影（图 3–24），或利于植物生长，否则满拓灰浆，会造成寸草

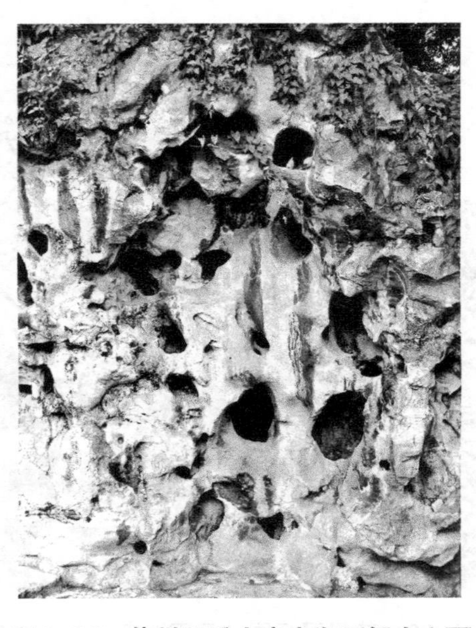

图 3–24 苏州环秀山庄太湖石假山立面

不生、了无生趣，这就是所谓的“雅从兼于半土”。一般对整体立面的近山，常采取上凸、中凹、下直的手法来处理其面层结构；而如果是远山，则多用余脉坡脚，以体现其“远山审其势，近山观其质”。

3. 线

线是指整座假山的外形轮廓线或局部层次轮廓线的综合。如留园中部的主山，其塑造的是平远山水中的远山景象，所以采用了水平状起伏的局部层次轮廓线，以求与辽阔弥漫的水面相协调（图3–25）。而环秀山庄的假山，将其主峰置于前部，利用左右的峡谷和较低峰峦作衬托，其立面从山麓到山顶，设计成若干条由低到高的斜向轮廓线，由东向西，犹如山脉奔注，忽然断为悬崖峭壁，止于池边，“似乎处大山之麓，截溪断谷”（张南垣语），其正如音乐的节奏和旋律一般，从低至强，起伏多变，直至高潮。

图3–25 苏州留园中部平远山水轮廓线

4. 纹

纹是指整座假山由层状结构分散到局部块体的纹理线纹，它相当于绘画中的各种皴法。太湖石有溶蚀的纹理线，黄石（砂岩）有岩层节理线。

5. 影

影是指假山造型局部由凹凸而形成的明暗与阴影，是假山层状结构的凹凸在光照下所形成的一定规律的节理。

3.2.3 假山峰洞设计

1. 高度与直径

洞室一般设计在山体的核心部位，其大小须考虑到人体活动的范围，所以高度常在2.20～2.50m之间，洞室周围的面积以不小于3.0～4.0m^{2}为宜，如环秀山庄的假山石洞，其直径在3m左右，高约2.7m。

2. 通风与采光

在设计洞室时，首先要考虑到壁体的坚固性，所以不论假山时代的早晚，一般多用横石叠砌为主，同时还必须考虑到通风、采光，所以一般在洞壁上，还设计若干小洞孔隙，有的则在洞壁上开较大的窗洞，以利用日照的散射与折射光线（图3–26）。

采光的要求，应以即便是阴沉的白昼，也能借助由外透进来的散射光线，识别人形及其一般人的行为活动需要为原则。

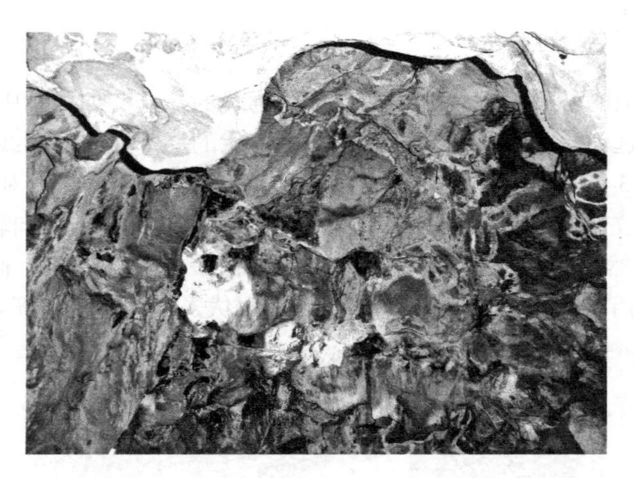

图 3–26　苏州环秀山庄太湖石假山窗洞

3. 坚固与安全

在设计洞室时，要充分考虑到壁体的坚固性，所以不论假山时代的早晚，一般多用横石叠砌为主，间用竖石，以示变化和自然。它所用的石材必须坚实，不用有裂纹或材质疏松的石头，以确保山洞的坚固。

4. 洞顶与山顶

洞顶的做法一般以长条石板覆盖较为普遍，尤其是一些年代较为久远的假山，或一些深长的山洞，如苏州狮子林太湖石大假山、扬州个园太湖石山（图 3–27）等。也有用“叠涩”（即用砖、石、木等材料作出层层向外或向内叠砌挑出或收进的形式）的方法，向内层层挑出，至中点再加粗长石条，并挂有小石如钟乳状的，如惠荫园水假山洞，这类假山一般洞室较大。而清代戈裕良所创造的“将大小石钩带联络如造环桥法”，采用发券起拱的穹隆顶或拱顶的结构处理，则更合乎自然。

图 3–27　扬州个园太湖石（夏山）假山梁式条石洞顶

一般洞顶的上部就是登山后的山顶平台了，所以也必须考虑用必要的石块进行铺平、灌浆、再覆土，或花街铺地，并考虑一定的散水坡度，设计好散水孔。洞顶的结顶到山顶填充铺平石的厚度一般应在 0.50 ～ 0.60m 以上，否则峰洞过分接近山巅，会有山体的单薄感和虚假感。山巅平台的外侧需要设计女儿墙，以起到保护性质的栏杆作用，同时它也是悬崖峭壁的山顶的收顶部分，所以应注意起伏变化（图 3–28）。

图 3–28　苏州拙政园黄石假山山顶平台

洞室内外还必须设计有内、外的登山台阶，即蹬道（图 3–29），由洞内到山顶的楼梯式蹬道常设计成螺旋状，其高度大致与洞门的高度相等，一般设计得接近人体的高度，即在 1.85m 左右，这样可起到使人感觉需要稍微低头才能进出的心理反应的效果。

图 3–29　苏州怡园假山蹬道

3.2.4　假山设计中的“三远”

叠石掇山，虽石无定形，但山有定法，所谓法者，就是指山的脉络气势，这与绘画中的画理是一样的。但凡成功的叠山家无不以天然山水为蓝本，再参以画理之所示，外师造化，中发心源，才营造出源于自然而高于自然的假山作品。在园林中堆叠假山，由于受占地面积和空间的限制，在假山的总体布局和造型设计上常常借鉴绘画中的“三远”原理，以在咫尺之内，表现千里之致。

所谓的“三远”是由宋代画家郭熙在《林泉高致》中提出的：“山有三远：自山下而仰山巅，谓之高远；自山前而窥山后，谓之深远；自近山而望远山，谓之平远……高远之势突兀，深远之意重叠，平远之意冲融而缥缥缈缈。”

1. 高远

根据透视原理，采用仰视的手法而创作的峭壁千仞、雄伟险峻的山体景观。如苏州耦园的东园黄石假山，用悬崖高峰与临池深渊，构成典型的高远山水的组景关系；在布局上，采用西低东高，东部临池处叠成悬崖峭壁，并用水位、小池面的水体作衬托，以达到在小空间中有如置身高山深渊前的意境联想。采用浑厚苍老的竖置黄石，仿效石英砂质岩的竖向节理，运用中国画中的斧劈皴法进行堆叠，能使假山显得挺拔刚坚，并富有自然风化的美感意趣，如上海豫园黄石大假山（图 3–30）

图 3–30　上海豫园黄石大假山（高远）

2. 深远

表现山势连绵，或两山并峙、犬牙交错的山体景观，具有层次丰富、景色幽深的特点。如果说高远注重的是立面设计，那么深远要表现的则为平面设计中的纵向推进。在自然界中，诸如河流的下切作用等，所形成的深山峡谷地貌，给人以深远险峻之美。园林假山中所设计的谷、峡、深涧等就是对这类自然景观的摹写，如苏州耦园东花园黄石大假山的邃谷，曲折幽深（图 3–31）。

图 3–31　苏州耦园东花园黄石大假山之邃谷（深远）

3. 平远

根据透视原理表现平冈山岳错落蜿蜒的山体景观。深远山水所注重的是山景的纵深和层次，而平远山水追求的是逶迤连绵，起伏多变的低山丘陵效果，给人以千里江山不尽、万顷碧波荡漾之感，具有清逸、秀丽、舒朗的特点。正如张涟所主张的“群峰造天，不如平冈小坂，陵阜陂陁，缀之以石。”苏州拙政园远香堂北、与之隔水相望的主景假山（即两座以土石结合的岛山），正是这一假山造型的典型之作（图 3–32）；其摹仿的是沉积砂岩（黄石）的自然露头岩石的层状结构，突出于水面，构成了平远山水的意境。

图 3–32　苏州拙政园主景假山（平远）

上述所讲的“三远”，在园林假山设计中，都是在一定的空间中，从一定的视线角度去考虑的，它注重的是视距与被观赏物（假山）之间的体量和比例关系。有时同一座假山，如果从不同的视距和视线角度去观赏，就会有不同的审美感受。

3.3　假山的空间组织

我国园林的山水布局常和我国的地理形势相契合，园林假山大多堆叠在主体建筑或水池的北侧或园林西北、东北一隅，如北京恭王府滴翠岩北太湖石大假山，上海豫园黄石大假山等，苏州的留园、拙政园等假山布局亦然。但在苏州的一些中小型园林中，因受地域之囿，常能因地制宜，正如计成所云："园基不拘方向""选向非拘宅相"，随厅堂之基，以"高方欲就亭台，低凹可开池沼"，顺势而为，然后"开山堆土，沿池驳岸。"假山与厅堂等建筑互为对景（图 3–33）。布局上则如宋郭熙《林泉高致·山水训》所云："大山堂堂，为众山之主，所以分布以次冈阜林壑，为远近大小之宗主也。"其大型假山常有主山、副（辅）山及余脉的完整布局，并常能一气呵成。

图 3–33　园林假山与水体、建筑之间的布局（王惠康供稿）

具体而言，大致可分为中央布置法、对景布置法、侧旁布置法、角隅布置法和周边布置法等，但在实际设计及营造中常将诸法综合运用或略加变化。

3.3.1　中央布置法

面积较大，拟构造全景式山水景观或山体景观，以观赏点不同而能产生"三远"山水的观赏效果，如沧浪亭土石大假山（图 3–34）、耦园黄石假山等。

苏州耦园大型黄石假山，在造型上由西向东逶迤，在东侧水池边形成断崖峭壁，形成高远景象；再通过偏西处辟有南北贯通的邃谷，将假山分成了东、西两部分，东为主山，西为副山，周边点衬余脉；作为城曲草堂主景陆山正面（北面）的主山，在纵向的立面设计上主峰采用竖直的、深厚而苍老的大块面黄石，节理刚坚挺拔，主峰左右辟有2条蹬道盘旋其中，人行其中，便会产生步移景异、耐人寻味的艺术效果；在平面设计上则采用由地面、花池所形成的水平线，摹写出石英砂岩的岩层节理，而由山脊形成的从低到高的斜向轮廓线，形成了山脉奔注之势，给人以江南砂岩自然风化所形成的美感意趣。

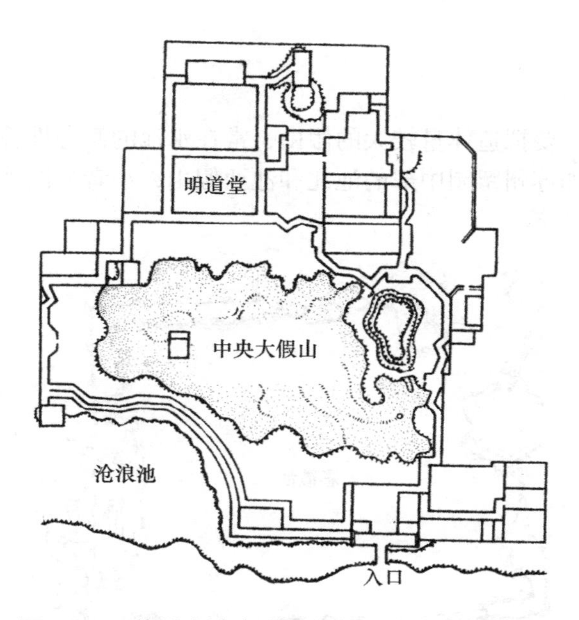

图 3–34　苏州沧浪亭土石大假山（中央布置法）

3.3.2　对景布置法

有些面积较小，又要营造空旷的园林或庭院空间，常在建筑物的对面布置假山。如艺圃池南的大型土石假山（图 3–35），留园五峰仙馆前的太湖石厅山等。苏州园林中的庭院也因空间有限，所以常在建筑之对面布置竹石丛树，如拙政园海棠春坞、留园花步小筑等。

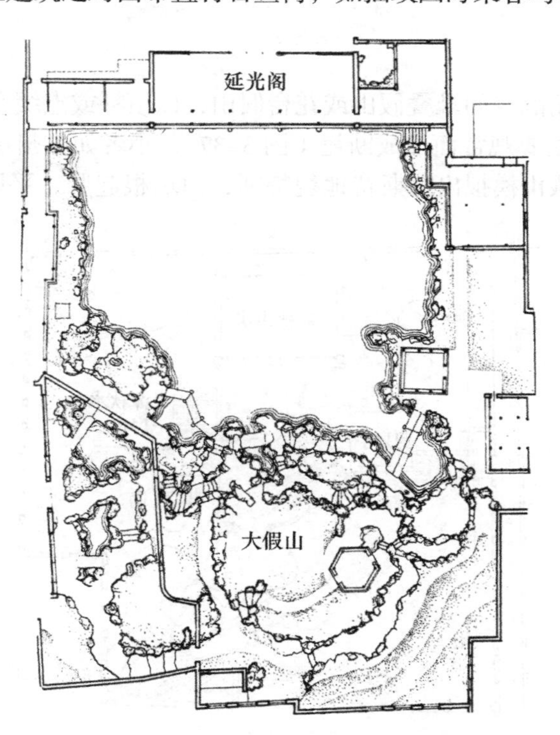

图 3–35　苏州艺圃大型土石假山（对景布置法）

3.3.3　侧旁布置法

面积相对较小而又要拟造体量较大的假山，常在水池的侧旁堆叠假山，以达到崇山峻岭的景观效果。大者如苏州留园中部的池北和池西假山，小者如网师园彩霞池南云冈假山和池东假山（图 3–36）等。

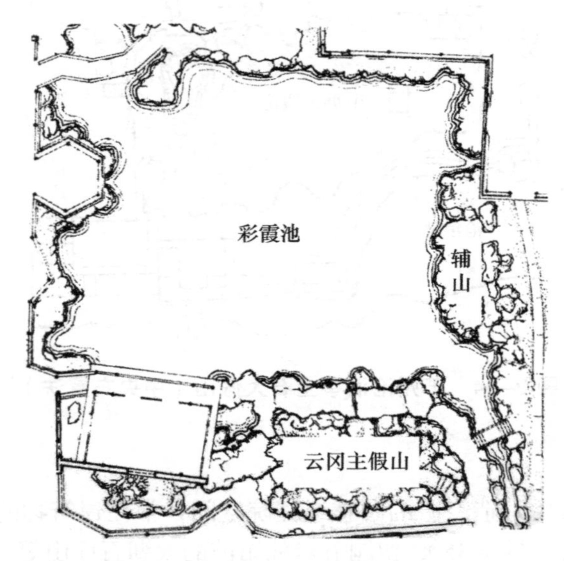

图 3–36　苏州网师园黄石假山

3.3.4　角隅布置法

面积较小，利用角隅空间堆叠假山或花台假山，以填补或点缀空间，大型者如苏州环秀山庄主景假山，在主要观赏面形成断崖（图 3–37），小者如苏州耦园西部藏书楼花台假山。环秀山庄太湖石假山模拟出喀斯特地貌特征，由墙根起脉，平冈短阜，奔趋至池边，

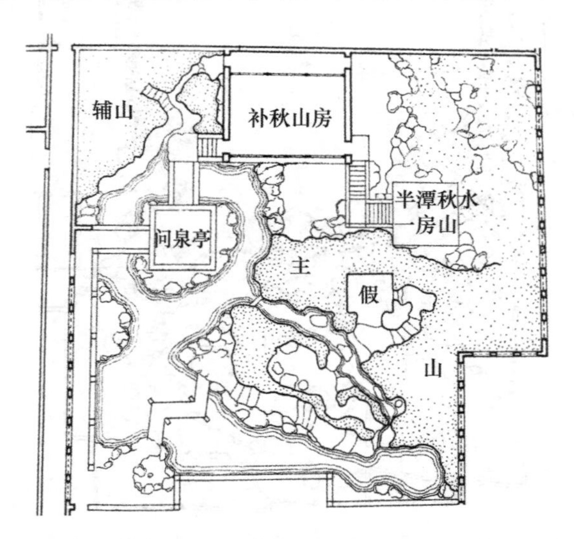

图 3–37　苏州环秀山庄太湖石假山（角隅布置法）

忽然断为悬崖峭壁，正如张南垣所云："若似乎奇峰绝嶂，累累乎墙外……似乎处大山之麓，截溪断谷。"绝壁前临水处常设小路，由此转入洞谷之中，再蹬道盘纡至山顶，复杂者如苏州五峰园谷上架桥，上或堆土植树、或作台。年代较晚者如环秀山庄假山即由此变化而来。

3.3.5 周边布置法

在较小的庭院空间内沿庭院周边用假山或花台假山等曲折布置，以营造连绵不断的山脉势态，如网师园殿春簃、梯云室庭院花台假山。或在山水园池周营造大型假山。大型者如苏州狮子林大假山（图3-38），起伏多变、群山成岭。

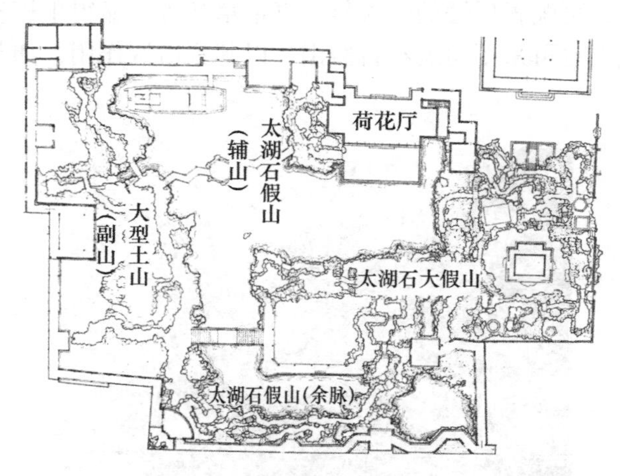

图3-38 苏州狮子林太湖石大假山（周边布置法）

苏州园林因空间上的局限，又要满足山林泉石志趣，所以常以自然山水为蓝本，参以画理，进行精炼和概括，正如计成所云"小仿云林，大宗子久"，因地制宜地布局，如晚明周秉忠所叠的徐氏东园（即今留园中部）石屏假山，"作普陀、天台诸峰峦状""如一幅山水横披画。"而他的另一作品洽隐园的小林屋水假山则是模仿的苏州西山被列为真仙洞府的"天下第九洞"的林屋洞景象，这也是古代园居者痴迷于"蓬莱神仙世界"的一种情结表现。清代中叶戈裕良在苏州的假山作品，据陈从周先生考证，"环秀山庄仿自苏州阳山大石山，常熟燕园模自虞山。"拙政园则摹写太湖岛山的平远山水，并以洞庭红橘和香雪海梅花命名二岛山亭曰待霜亭和雪香云蔚亭。在具体设计上则参以画理，如落成于明代崇祯八年（1635年）的王心一归田园居（即今之拙政园东部）的假山，"东南诸山采用者，湖石；玲珑细润，白质藓苔，其法宜用巧，是赵松雪之宗派也。西北诸山采用者，尧峰；黄而带青，古而近顽，其法宜用拙，是黄子久之风轨也。"

3.4 假山小品设计

3.4.1 花台（坛）假山设计

花台和花坛在园林绿化中是两个不同的概念。花台一般指高出地面的台式花卉种植区，花台假山是指用假山石自然驳砌围成高出地面的花卉种植台地，如苏州留园涵碧山房南庭院中的牡丹花台。

花坛是指具有一定几何轮廓的种植床内种植花卉的一种园林形式，花坛假山则是指用假山石围合而成植物种植形式（图3-39）（下面均称花台假山）。

花台假山包括树石小品设计、花木小品设计、竹石小品设计等。

1. 角隅花台假山设计

在古典园林中很重视挖掘园林空间的潜力，一角一隅也是园景的重要构成部分。

角隅花台假山的设计首先要考虑角隅空间与庭院（园）的整体关系，留出足够的人流观赏空间和逗留空间，然后立意，如苏州留园小敞厅前的“金玉满堂”花台，用桂花（金桂）和白玉兰相配植，再配置低矮的南天竺、书带草丛等，显得生机盎然。有时在墙角折角处不太好处理的地方也可采用角隅花台假山，以起到协调作用，如苏州耦园西花园角隅牡丹花坛（图3-40）。

图3-39 苏州耦园竹石花坛

角隅花台假山选用的山石块体一般为60～80cm长，50～70cm高，宽40～60cm，造型多姿而又有统一纹理。在平面上用图线围出一个角隅。在立面设计中，其高度由地面算起一般为40～60cm，埋入地下部分15～25cm。叠置手法则按折、搭、转、接技法，在平面上蜿蜒曲折，在立面上起伏有状，形成含蓄而有深意的假山花台。

花台假山的基础设计中的基础宽度一般为假山驳边山石的平均宽度的1.5～2倍，深度一般在表土下40～60cm。当发现生土后，加以夯实，便可筑毛石基础块体。毛石厚度为30～40cm，用1∶2∶3的混凝土或用1∶3的水泥砂浆灌实做平即可。

花台内的土层应当低于驳成的花台边缘假山石的15～20cm，以防水土流失。

图 3-40　苏州耦园西花园角隅牡丹花坛

2. 沿边花台假山设计

沿边花台假山设计主要考虑植物与墙面之间的空间关系，少占庭院的地面活动面积，又可利用墙面的衬托，达到以一幅花卉或树木小品画卷一般，呈现给观赏者，如苏州狮子林沿边紫竹花台（图 3-41）。

沿边花台的宽度一般在 100 ～ 200cm，沿边设计成曲折多变的带状形态。为了丰富花台景观，可适当点缀一些小型峰石，并与所配置的树木相呼应。

图 3-41　苏州狮子林沿边花台

3. 中央花台假山设计

中央花台假山多设置在庭院中央部分，在造型尺寸上与角隅和沿边式花台大致相同。其高度应考虑人在观赏中的俯视、平视与仰视，即俯视近观花坛内的花木和花台边缘的山石造型；平视观赏花木的上部或小型峰石；仰视树石姿态的上部。如留园揖峰轩前的小型花台，其原为观赏牡丹为主的花台假山小品，其中间配置着一座晚翠峰，形似苍鹰；花台边缘一石形似猎狗，故有“鹰对猎狗峰”的俗称。

中央花台一般台高不超过 70 ～ 80cm，内部植土面不超过 50 ～ 60cm。苏州园林中的主要厅堂，在北常布置为荷花池与露台，以利夏季纳凉，而在其南常设计成半闭合的庭院空间，以便冬季可享受阳光，而庭院中亦常布置成牡丹花台（图 3–42），因为牡丹为肉质根，故喜高爽，向阳斯盛，以利其更好地生长。

图 3–42 苏州留园涵碧山房庭院中央牡丹花坛

4. 多层式花台

这是一种以小型花台为原型的扩展，在叠置上采用覆土层叠的方法，以体现层次变化和立体感，如怡园的锄月轩南侧的牡丹花台，依庭院的南墙而筑，自然地跌落成互不遮挡的三层花台，两旁则用太湖石踏跺抄手引上，可游可观，花台的平面布置委婉曲折，道口上石峰散立，错落有致，正对锄月轩对景的墙面上，按照壁山做法，叠置作主景的假山峰石。

3.4.2 假山驳岸设计

假山驳岸也称叠石岸，一般用太湖石或黄石，参照叠山原理，利用石料的形状、纹理等特点，临水叠砌成层次分明、高低错落，在立面上凹凸相间，在平面上曲线流畅自然，并能与园中假山布局相协调的自然式驳岸。假山驳岸的功能主要在于利用山石的自然形态，以对峙交错，转折起伏的形式，在水面与陆地之间形成自然的过渡，并与池岸周围的景物相得益彰。所以池岸叠石的外观形式更应避免僵直，因此常在临水叠置一些诸如石矶、踏步、平台，或贴水步石等，组合成景，同时池岸也不能离水面太高，否则岸高水低，会有一种与高瞰水潭、凭栏观井无异的感觉，从而影响理水的效果。

假山驳岸的造型和用石，应根据山水园总体设计的造型要求，与池岸周边景物的安排来综合考虑。其造型形式一般可分为水平层状结构和竖向层状结构假山驳岸等几种。

1. 水平层状结构的假山驳岸

这类驳岸是运用水平方向的岩石层状结构，选择一些水平层状的山石，用贴临水面的叠石形式叠砌，以达到扩大空间，形成水面弥漫的平远意趣。如苏州网师园中部主景山水园“彩霞池”的南岸和西北岸的黄石驳岸，其驳岸边石离水面之高只有 40 ～ 50cm，人行其上，有一种临水可亲的感觉。这类假山驳岸在施工上，先用直径约 10 ～ 15cm 粗、长 1.5 ～ 2.0m 的桩木，打成“梅花桩”；再在底桩上铺以花岗岩条石，厚度 30 ～ 40cm；上铺毛石，作驳岸基层，用最低水位线定出其高度，用水泥砂浆砌平。这样便可以选用水平层状造型的山石进行驳岸上砌了。在叠砌中，应根据山石的纹理和形状的特点，注意大小错落，纹理相协，凹凸相间，露出水面的造型山石应仿照天然露岩延伸于水际的意趣，突出自如，有起有伏（现代假山驳岸常用钢筋混凝土作池底整板基础，再用防水水泥砂浆抹面；先砌成水池形式，再运用传统的假山驳岸工艺在池周进行包壁叠石，并在池底设计排水口、池壁设计进水口、溢水口等）。由于长距离的驳岸很难做到周全、完美，而且往往显得缺乏生机，所以在叠砌时常适当留有一些植物种植穴，便于种植一些南迎春、棣棠之类的披散性灌木或垂挂藤萝、花木等，这样既加强了水陆间呼应，又有水从灌丛中出，增加了水面的幽深感觉。网师园的黄石假山驳岸常在临水处用山石架空成若干凹穴状，使水面延伸于穴内，形同水口（图3-43），望之幽邃深黝，有水源不尽之感，整个石岸高低错落，起伏有致，或低于路面、或挑出水面之上、或高凸而起，可供坐息，形成一条曲折多变的池岸保护边缘。而环秀山庄的太湖石假山，在临水的山脚下，则挑出巨大的湖石，形成宛若天然的水洞，也是同样的道理。为了取得临水或贴水的感觉，也常在池岸水际叠置一些石矶，小者仅以单块的水平山石平挑于水面之上，大者则如临水的平台；有时也为便于取水，叠置成延伸于水面的自然式踏步。

2. 竖向层状结构的假山驳岸

有时为了取得与周边景物造型的一致，或造成水位低而山脚高矗的意境，常叠置以竖向为主的山石驳岸。其做法与水平层状造型的驳岸所不同的是，在选择露出水面的山石造型时，采用石块的竖向叠砌。有时为了强调变化，也可将上述两种方法结合起来运用，以形成竖与横的对比，并使崖壁自然过渡到池面（图3-44）。如苏州拙政园中部的雪香云蔚亭和待霜亭两个岛山的南侧驳岸，以台阶状的水平层状结构与个别的竖向结构相结合，形成了丰富多变的岛山驳岸造型。

图3-43 苏州网师园云冈假山水平层状结构的假山驳岸

图3-44 苏州拙政园竖向层状结构的假山驳岸

3.4.3 假山水门设计

但凡江南园林之水，水面大则分、小则聚，但园小水聚，并不等于死水一潭。常言道："山贵有脉，水贵有源"，所以在江南的中小型园林中，常在水池的一角，用水口或小桥等划出一两个面积较小的水湾，或叠石成洞，造成水源深远的感觉。因此，水口和石桥的设置只是园林布局和园林理水上的一种常用手法，以此将水面分为主次分明的若干个部分，来增加其层次和变化。而在水口处设置水门，也是叠石理水上的一种常用手法之一。江南园林中的水门形式有多种，如上海豫园大水池东侧，在狭长的清流上隔以花墙水门，水从月洞状的水门中穿过，远远望去，自有幽深不知所终之感（图 3–45）。有的则以假山石包帖石桥的形式，作水门状，以与池岸周边的叠石相呼应，如扬州寄啸山庄内的水心方亭“小方壶”西侧的小石桥，上海松江的醉白池公园内的“池上草堂”前的小石桥等。但常见的水门形式还是以假山水门为多，如苏州的怡园，用太湖石假山水门，将园内的水系划分成东、西两个大小不等的水池形式；这样利用曲桥、假山水门，将形状狭长的水池划分成了层次分明的 3 个部分，从而增加景深。再如：扬州寄啸山庄西园的水池西南，有太湖石假山一座突兀于水面，为了使池水有曲折深远之感，便以湖石叠置成夹涧，并设水门一座，曲水蜿蜒其中，更觉池水犹有不尽之意，水光树色，山光物态，幽然而深远，成为该园理水的最为佳妙之处。

图 3–45　上海豫园花墙水门

假山水门大多用太湖石叠砌而成，亦有用黄石所叠成的水门形式，如苏州狮子林修竹阁附近的黄石假山，其石色为黄偏红，故而名之为小赤壁（图 3–46），专家们倒是评价甚高，由于该假山是用以划分狭长的带状水面的，所以其水门模仿天然石壁溶洞的形状，比较接近自然，园林学家刘敦桢教授认为：“是此园叠石较成功的一处”（《苏州古典园林》）。

图 3–46　苏州狮子林小赤壁黄石假山之水门

3.4.4　护坡叠石和挡土点缀

在江南古典园林中，常常能看到在堆土的土山山坡边叠置有大量的山石，或散置山石，这些山石既可阻挡和分散地表径流，防止因雨水冲刷而造成的水土流失，具有挡土墙的功能，同时又是处理山体层次和曲折变化的艺术手法，还常常和园路相结合，以引导游人观赏山体景色（图 3–47）。有的因受到园林用地面积的局限，又要堆叠起较高的土山，这时则常用山石来作为土山的山脚，以缩小土山所占的面积，而又可堆叠起具有相当高度和体量的假山。

图 3–47　护坡叠石（苏州怡园）

护坡叠石的处理，一般应注意外观上的曲折多变、起伏有序、凹凸多致，有交错退引、有断有续，讲究层次变化，并能与山脉相结合，以体现山体的自然过渡和延续。在土山的造型处理上，护坡叠石还常与山体上的园路、蹬道和一些点缀的亭台建筑物相呼应，以体现层次变化，错落有致。而挡土点缀多适于土石相间的假山配景或树木盘根的保护。

3.4.5　踏跺和蹲配

这是一种用山石来点缀或陪衬建筑的常用手法，其主要目的是丰富建筑的立面，强调建筑的出入口。由于我国的园林建筑大多筑于台基之上，内高而外低，这样建筑的出入口就需要用台阶来作为室内外上下的衔接部分，一般建筑物常采用整形的石阶，而园林建筑则常用自然山石来替代条石台阶，叠砌成自然式的踏跺，俗称假山踏步，雅称“如意踏跺”，蕴含平缓舒坦、吉祥如意之意（图 3-48）。由于园林空间和庭院布置强调的是自然环境，所以采用自然踏跺，不仅具备了台阶的功能，而且有助于处理从人工建筑到自然环境之间、室内到室外的过渡。这种假山踏步一般选用扁平形状的山石，每级的高度一般在 10 ～ 25cm，而且每个台阶的高度也不一定要完全相等，最高的一个台阶可与建筑物的室内地面台基等高、做平衔接，这样可以使人从室内出来，下台阶前有个准备。在叠砌时以上石压下石缝、上下交错、上挑下收，以免人上台阶时脚尖碰到石级上沿，即不能有“兜脚”。山石的每一级应叠砌平整，其形式常做成荷叶状，并有 2% 左右的下坡方向的倾斜度，以免积水。江南园林中的山石踏跺有石级并列、相互错列以及径直而上、偏径斜上等诸种形式。当建筑物的台基不高时，可做成前坡式的踏跺，如苏州狮子林燕誉堂前的踏步（图 3-48）；当建筑物的台基较高，人流量较大时，则可采用从两侧分道而上的踏跺，如苏州留园五峰仙馆大厅前的踏步。

蹲配是常和踏跺配合使用的一种置石形式，它可以用来遮挡因踏跺层层叠砌而两端不易处理的侧面，还可兼备垂带和门口对置装饰的作用，但又不同于门口对置的石狮子等形式，在外观上可极尽山石的自然之态和高低错落变化，不过在组合上应注意均衡呼应的构图关系（图 3-49）。

图 3-48　苏州狮子林如意踏步

图 3-49　蹲配（苏州耦园）

3.4.6　抱角和镶隅

由于园林建筑物的墙面多成直角转折，墙角的线条比较平直和单调，所以常用山石包贴、美化。对于外墙角，用山石来紧包基角墙面，以形成环抱之势，称之为抱角（图 3-50）；对于内墙角，则以山石填镶其中，称之为镶隅（图 3-51）。山石抱角的选材应考虑山石与墙体接触部位的吻合，做到过渡自然，并注意石纹、石色等与建筑物台基的协调。这样，由于建筑物的外墙用山石进行了包贴处理，其效果恰似建筑物坐落在自然的山岩上一般，使生硬的建筑物立面与周边的自然环境相协调、和谐。在墙内角用山石作镶填墙隅时，一般以自然山石叠砌成角隅花台式样为多，这在江南园林中常常能见到。

图 3–50　抱角（苏州网师园）

图 3–51　镶隅（苏州网师园）

3.4.7　粉壁置石

即以粉墙为背景，用太湖石或黄石等其他石种叠置的小品石景，这是嵌壁石山中的一种特置形式。因其靠墙壁而筑，所以也称壁山，《园冶》云："峭壁山者，靠壁理也。藉以粉壁为纸，以石为绘也。理者相石皴纹，仿古人笔意，植黄山松柏，古梅美竹，收之园窗，宛然镜游也。"这种布置一般山体较小，常用作小空间内的补景，以延伸意境，所以在江南小型园林或住宅的天井中随处可见，如苏州网师园琴室院落中的南侧墙面上，用太湖石进行贴墙堆叠并与花台、植物相结合（图 3–52），使得整个墙面变成了一个丰富多彩的风景画面。这种嵌壁石山应注意山体的起脚宜薄和墙面的立体留白，上部应厚悬，结顶要完整，在进行镶石拼接和勾缝处理时力求形纹通顺。

图 3–52　粉壁置石（苏州网师园）

3.4.8　山石器设

所谓的山石器设是指用山石作室内外的家具或器具。原本我国的文士爱石，脱胎于远古先民对山石崇拜的心理及文化积淀，从女娲炼石补天的神话传说、原始先民的“击石拊石，百兽率舞”（《尚书·尧典》），到唐相牛僧孺对奇石“待之如宾友，视之如贤哲，重之如宝玉，爱之如儿孙”（白居易《太湖石记》）的痴迷，到北宋米芾呼石为“石兄”“石丈”的癫狂式拜石，再到清代曹雪芹笔下的那块“无材补天，幻形入世”的大荒山无稽崖青埂峰下的石头（《红楼梦》），凡此种种，或真或幻地传承着中国特色奇石审美的历史轨迹。明代黄省曾《吴风录》云：“至今吴中富豪竞以湖石筑峙奇峰阴洞，至诸贵占据名岛以凿，凿而嵌空妙绝，珍花异木，错映阑圃，虽闾阎下户，亦饰小小盆岛为玩。”对于经济实力雄厚的富豪，为了追求自然野趣、足不出户就能获得山林享受，就用太湖石叠山造园；而对于一些经济条件稍差的平民“下户”来说，就只能采用“一石代山，一勺代水”的盆景式叠石，以达到“丘壑望中存”的艺术审美。所以清代李渔在《闲情偶记》卷四的“零星小石”条目中说：“贫士之家，有好石之心而无其力者，不必定作假山。一卷特立，安置有情，时时坐卧其旁，即可慰泉石膏肓之癖。若谓如拳之石，亦需钱买，则此物亦能效用于人，岂徒为观瞻而设？使其平而可坐，则与椅榻同功；使其斜而可倚，则与栏杆并力；使其肩背稍平，可置香炉茗具，则又可代几案。花前月下，有此待人，又不妨于露处，则省他物运动之劳，使得久而不坏。名虽石也，而实则器矣。”对于贫士来说，如果山石仅作清供，不免有点奢侈，所以若能将观瞻与器用兼顾，则可以将山石的价值和功效最大化。这样既节省了材料而又能耐久，可省搬出搬进之力，也不怕风吹日晒与雨打，还能与造景等相结合，更易取得与环境的协调，可随地形的起伏高低变化布置。

器设用的山石材料，一般选用接近平板或方墩状的，而这些石材在假山堆叠中，只能用作基础、充填或汀步等，所以和假山用石并不相争，但是如果将它们作为山石几案却格外合适，可谓物尽其用。

山石器设不外乎室外与室内两种。室外器设所选用的山石材料一般要比正常的家用木制家具的尺寸要略大一些，这样可使之与室外的空间相称。其外形力求自然，一面稍平即可。它常布置在林间空地，或有树木蔽荫的地方，这样可避免游人在憩坐时露晒。如苏州留园“东园一角”的一组独立布置的山石几案（图3-53），它用一块不规则的长形条石作石桌面，四周置有6个（组）自然山石支墩，其大小、高低、体态等各不相同，却又比较均衡统一地布置于石桌四周。周边用松、竹、玉（兰）、堂（海棠）、富（牡丹）、贵（桂花）等丛树杂花相映衬，颇具“片片祥云（桌如祥云）伴群芳”之意韵。

所谓的室内山石设器，以假山洞室内的应用为多。所选用的石料一般和假山的石料相同，如扬州个园四季假山中的秋山黄石假山的洞室内用黄石作器设，而太湖石假山洞室内一般常采用青石，或直接用太湖石作器设，如苏州怡园的太湖石假山慈云洞（图3-54）、狮子林太湖石假山洞室。所选用的石料体量可适当小一些，以适应假山洞室的狭小空间。

至于李渔所说的“一卷特立，安置有情，时时坐卧其旁，即可慰泉石膏肓之癖。”在室外是为特置或立峰，诸如号称江南三大石的苏州瑞云峰、上海玉玲珑、杭州皱云峰等；而在室内则多为贡石或石供。早在先秦时期，我国就有癖石者收藏奇石的记载。在中国古典园林的厅堂轩斋中，经常能看到陈设着的形态各异、巧趣天成的奇石，例如在苏州古典园林的厅堂中，常在室内槅断前设置两端起翘的天然几，在天然几的上面中间常供有英石、灵璧石、太湖石、昆石等名石，在石的两侧再供有花瓶和大理石云屏，以象征福（“瓶”安是福）、禄（前程似锦）、寿（寿比南山）。

图 3–53　苏州留园“东园一角”之山石几案

图 3–54　苏州怡园太湖石假山慈云洞石桌、钟乳石

第 4 章　假山堆叠的基本技法

假山的叠石手法（或称技法），因地域不同，常将其分成北南两派，即以北京为中心的北方流派和以太湖流域为中心的江南流派。其实北京假山自古多“石自吴人垒”（朱尊彝句），大多受江南叠山匠师的影响，如清初的李渔、张涟张然父子都属江南人氏，并在北京留有假山作品，尤其张涟、张然父子流寓京师，专事假山，名动公卿间，清初王士祯《居易录》云：“大学士宛平王公、招同大学士真定梁公、学士涓来兄游怡园，水石之妙有若天然，华亭（现上海松江）张然所造也。然字陶庵，其父号南垣，以意创为假山，以营丘、北苑、大痴、黄鹤画法为之，峰壑湍濑，曲折平远，经营惨淡，巧夺化工。南垣死，然继之。今瀛台、玉泉、畅春苑皆其所布置也。”其后人在北京专门以叠假山为业，人们称之为“山子张”，并有祖传安、连、接、斗、挎、拼、悬、剑、卡、垂“十字诀”，又流传有“安连接斗挎，拼悬卡剑垂，挑飘飞戗挂，钉担钩榫机，填补缝垫刹，搭靠转换压”的“三十字诀”。江南一带则流传为叠、竖、垫、拼、挑、压、钩、挂、撑“九字诀”。其实其造型技法大致相同，都是假山在堆叠过程中山石之间相互结合的一些基本形式和操作的造型技法。目前这些基本叠石技法在假山施工过程中经常使用，并被列入了我国《假山工职业技能岗位鉴定规范》。现分述如下：

4.1　“山子张”叠山“十字诀”

4.1.1　安

安，即安置山石的意思。在苏州方言中习惯称作“搁”或“盖”（图 4–1）。安石有单安、双安、三安之分，双安即在两块不相连的山石上安置一块山石，以在竖向的立面上形成洞岫；三安即在三块山石上安置一块山石，使之连成一体。所以安石主要通过山石的架空，来突出“巧”和“形”，以达到假山立面（观赏面）上的空灵虚隙，这就是《园冶·掇山》中所说的“玲珑安巧”。

图 4–1　安（王惠康绘制）

4.1.2　连

连，即山石与山石之间水平方向的相互搭接。连石要根据山石的自然轮廓、纹理、凹凸、棱角等自然相连，并注意连石之间的大小不同、高低错落、横竖结合，连缝或紧密，或疏隙，以形成岩石自然风化后的节理（图4–2），同时应注意石与石之间的折搭转连。

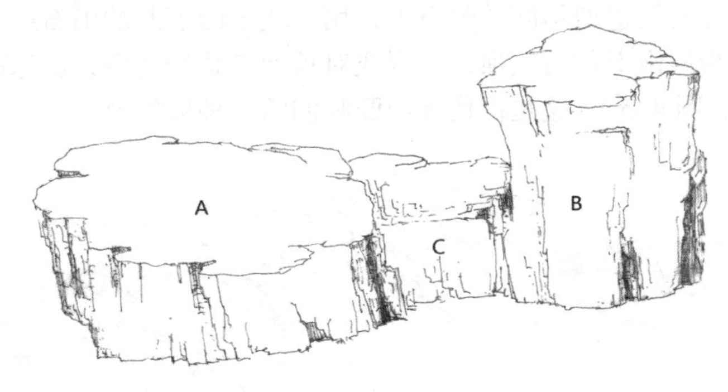

图4–2　连

4.1.3　接

接，即山石与山石之间的竖向搭接。“接”要善于利用山石之间的断面或茬口，在对接中形成自然状的层状节理，这就是设计中所说的横向（水平）层状结构及竖向层状结构的石块叠置（图4–3）。层状节理既要有统一，又要富有变化，看上去好像自然风化的岩

图4–3　接（常熟燕园燕谷黄石假山）

石一样，具有天然之趣。有时在上下拼接时，因山石的茬口不是一个平面，这就需要用镶石的方法进行拼补，使上下山石的茬口相互咬合，宛如一石。

4.1.4　斗

叠石成拱状、腾空而立为“斗”，是模仿自然岩石经流水的冲蚀而形成洞穴的一种造型式样。叠置时，在两侧造型不同的竖石上，用一块上凸下凹的山石压顶，并使两头衔接咬合而无隙，来作为假山上部的收顶，以形成对顶架空状的造型，就像两只羊用头角对顶相斗一样（图 4–4、图 4–5），这是古代叠山匠师们的一种形象说法。

图 4–4　斗

图 4–5　斗（苏州怡园太湖石假山洞）

4.1.5　挎

挎，是指位于主要观赏面的山石，因其侧面平淡或形态不佳时，便在其侧面茬口用另一山石进行拼接悬挂，作为补救，以增强叠石的立体观，称之为“挎”（图 4–6）。挎石可利用山石的茬口咬合，再在上面用叠压等方法来固定，如果山石的侧面茬口比较平滑，则可用水泥等进行粘合。

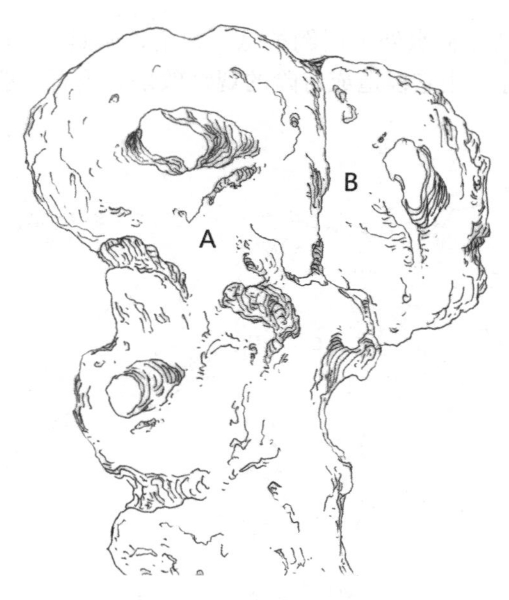

图 4–6　挎（王惠康绘制）

4.1.6　拼

拼，即把若干块较小的山石，按照假山的造型需求，拼合成较大的体形（图 4–7）。不过小石过多，容易显得琐碎，而且不易坚固，所以拼石必须间以大石，并注意山石的纹理、色泽等，使之脉络相通，轮廓吻合，过渡自然。

图 4–7　拼（南京瞻园太湖石假山）

4.1.7　悬与垂

悬与垂，均为垂直向下凌空悬挂的挂石，正挂为“悬”，侧挂为“垂”。“悬”是仿照自然溶洞中垂挂的钟乳石的结顶形式，悬石常位于洞顶的中部，其两侧靠结顶的发券石夹持，扬州个园黄石假山洞也采用仿钟乳石做法（图 4–8、图 4–9）。也有用于靠近内壁的洞顶的，而南京瞻园南山则在临水处采用倒挂悬石，情趣别具。“垂”则常用于诸如峰石的收头补救，或壁山作悬等，用它以造成奇险的观赏效果。垂石一般体量不宜过大，以确保安全。

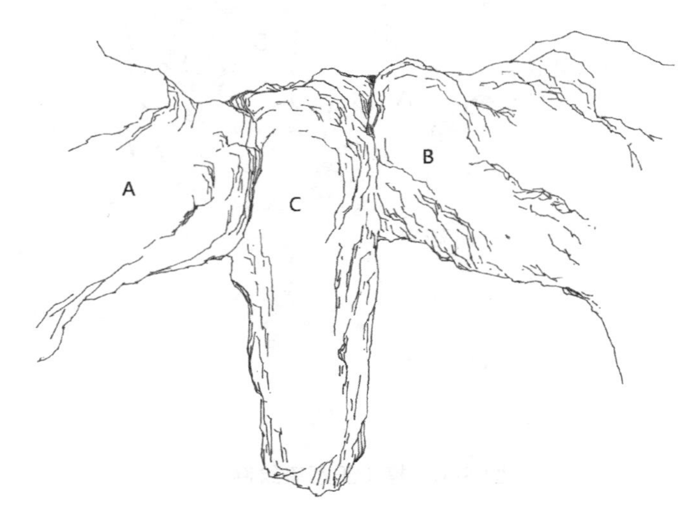

图 4–8　悬

图 4–9　悬（扬州个园黄石假山洞仿钟乳石做法）

4.1.8　挂

石倒悬则为“挂”（图 4–10），挂与悬相同，只是南北称谓不同。

图 4–10　挂（苏州某宅）

4.1.9　卡

卡，即在两块山石的空隙之间卡住一块小型悬石。这种做法必须是左右两边的山石形成上大下小的楔口，再在楔口中放入卡石（图 4–11、图 4–12），只是一种辅助陪衬的点景手法，一般应用于小型假山中，而大型山石因年久风化易坠落而造成危险，所以较少使用。

图 4–11　卡

图 4–12 卡（苏州狮子林太湖石假山）

4.1.10 剑

将竖向取胜的山石，直立如剑的一种做法。山石剑立，竖而为峰（图 4–13），可构成剑拔弩张之势，但必须因地制宜，布局自然，避免过单或过密。拔地而起的剑峰，如配以古松修竹，常能成为耐人寻味的园林小景。

图 4–13 剑（苏州耦园黄石假山）

4.2 江南掇山“九字诀”

4.2.1 叠

“岩横为叠”，即用横石进行拼叠和压叠，形成横向岩层的结构的一种叠石技法，这是传统假山堆叠中最常用的方法。如网师园“云冈”黄石假山的造型，就是运用了“岩横为叠”的主要手法。但在具体堆叠中，必须留意石与石之间的纹理相一致，

4.2.2 竖

竖，是指石壁、石洞、石峰等所用的直立之石的一种叠石技法。用竖石进行竖叠，因

承受的重量较大，而受压面又较小，所以必须要做好刹垫，让它的底部平稳，不失重心，并拼接牢固。黄石假山的风格有横叠和竖叠之分，如耦园黄石假山中的悬崖和矗峰就是用竖叠这种竖向的岩层结构施工造型的；在竖叠时，应注意拼接的咬合无隙，有时则需多留些自然缝隙，不作满镶密缝，以减少人工痕迹。

4.2.3　垫

处理横向层状结构时所用的刹石。在向外挑出的大石下面，为了结构稳妥和外观自然，形成实中带虚的效果，特垫以石块。此外，在假山施工过程中，都必须注意用刹片进行垫实（图 4–14），只有这样，才能使山石稳定牢固。古代假山的堆叠，向来以干砌法为主，即在不抹以胶结材料（如灰浆等）的前提下，使构成假山的山石重心稳定、结构牢固。所以说，叠山垫石最为关键。而垫石除了增加假山的整体强度外，还具有修饰山石间的拼接作用，使其天衣无缝，浑然一体，并有自然岩体的风化趣味。垫足垫稳，不但可省胶结材料，而且坚固胜之。

图 4–14　垫（苏州艺圃）

4.2.4　拼

同“山子张”（见 4.1.6 拼）。

4.2.5　挑与压

一般用具有横向纹理的山石作横向挑出，以造成飞舞之势，所以又称“出挑”。“单挑”为一石挑出，“重挑”为挑石下有一石承托。如果要逐层挑出，出挑的长度最好以挑石的 1/3 为宜（图 4–15）。挑石一定要选用一些质地坚固而无暗断裂痕的山石，其判别的方法，一般以轻敲听声来鉴别。如果是两端都挑出，则对挑石的选用更需细心。现苏州假山匠师也有采用竖石作出挑的，但难度较高，如常熟燕园燕谷黄石假山（图 4–16）。“挑”的关键是“巧安后坚”“前悬浑厚，后坚藏隐”，所以它和“压”具有不可分割的关系。“偏重则压”，即横挑而出的造型山石会造成重心外移，偏于一侧，这时就必须要用山石来配压，使其重心稳定，所以压石尤以能达到坚固而浑然一体最为重要。一般一组假山或一组峰峦，最后的整体稳定是靠收顶山石的配压来完成的，此时则需要选用一些体量相对较大、造型较好的结顶石来配压收顶，这样会显得既稳固又美观。

图4-15　挑与压（苏州拙政园黄石假山）

图4-16　挑与压(常熟燕园燕谷黄石假山山崖竖挑)

4.2.6　钩

钩，即山石在横平伸出过多的情况下，在挑出的造型山石的端部，放置一块具有转折形态和质感的小型山石，或向下作悬钩，以改变横向造型的呆滞（图4-17）。“钩”也是“金华帮”传统的叠石方法，主要用山石和辅助铁件进行石与石之间的钩接收头，或对以条石为框架的假山山体的包贴。

图4-17　钩（苏州狮子林太湖石假山）

4.2.7 挂

同“山子张”悬与垂（见 4.1.8 悬与垂）。

4.2.8 撑

也称“戗”，即用斜撑的支力来稳固山石的一种做法。山石偏斜、悬挑、发拱收顶等均要用撑。撑石必须选择合理的支撑力点，外观还应与山体的脉络相连贯、浑然一体（图 4–18）。撑因与黄石假山的横平竖直的岩层节理不甚相符，所以不相适用，常用于太湖石假山中，但也仅作为特殊置石的辅助加工和修饰，而且一般用石也较小。

图 4–18　撑

4.2.9 飘

挑头置石为“飘”。飘石的使用主要是丰富挑头的变化（图 4–19）。飘石的选用，其纹理、石质、石色等应与挑石相一致或协调。有时传统的做法还可将飘石处理成各种的动物形象（图 4–20）；而在现代叠石技法上，在传统“飘”的叠法基础上，又有了新的突破和发展，常选用一些体量较小、具有狭长、细弯、轻薄等特征的山石，按照构思造型，利用粘结材料以及捆、绑、卡、夹、支、撑、挂等方法，进行定位、定形，创作出一种石与石之间，具有留空、留白特点的镶石或搭接技术。通过“飘”的处理，能使假山的山体外形轮廓显得轻巧、空透、飘逸（图 4–21），多用于太湖石假山类型中的小品堆叠。

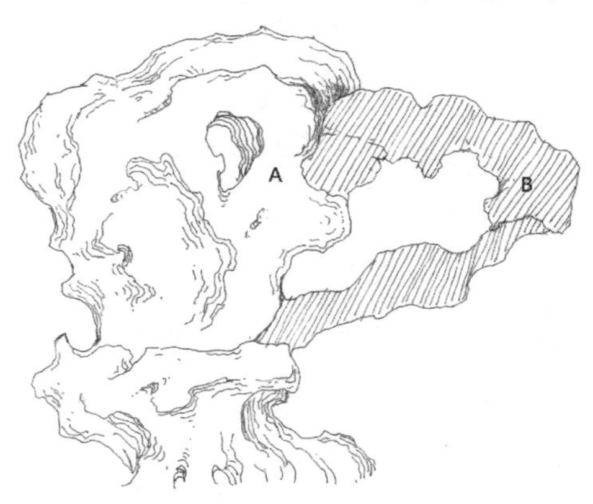

图 4–19　飘

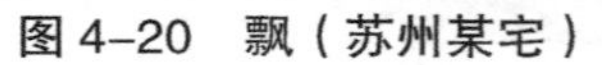

图 4-20　飘（苏州某宅）

图 4-21　飘（上海豫园太湖石假山）

以上所列的南北叠石字诀，只是古代叠山匠师在假山造型施工中的一些典型手法，这些造型手法在实际施工中应灵活运用，切不可拘泥形式，刻意去追求。

第 5 章　假山施工管理和质量验收规范

5.1　假山工程施工方案的编制

5.1.1　工程概况

园林假山工程概况是指假山施工程项目的基本情况，包括工程名称、工程地点等。

1. 工程名称

2. 工程地点

3. 施工现场状况：本工程已基本具备施工条件，通电，通水，通路及场地平整，随时可以进场施工。

4. 本工程达到的目的

5.1.2　施工进度计划表

内容＼时间	__月	__月			__月			__月
		10	20	30	10	20	30	
基　础	——	——						
假山砌筑		——	——	——	——	——		
绿化种植							——	
养　护								——

5.1.3　项目管理组织设置及人员安排

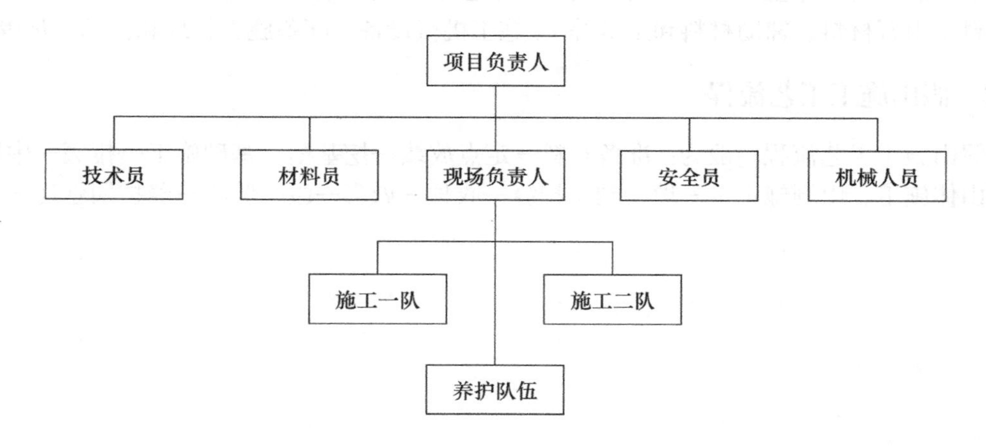

5.1.4 施工设备、材料及资源的安排

1. 大型设备：汽车吊、混凝土搅拌机、砂浆机、打夯机等。
2. 材料：石子、黄沙、水泥、木撑，假山石等。
3. 施工用电用水。
4. 小型设备：三脚架、起重葫芦、绳子、杠棒、撬棍、泥桶、铁锹、泥刀锯子等。

5.1.5 施工流程

1. 人员进场，定位，放样。在现场，平面测量用方格网控制，直角坐标法测量，所有定位点的位置必须事先准确计算，并经监理工程师的认可后方可施测，并立曲线桩定位，准确计算受力区域。

2. 机械进场，基础开挖，浇筑混凝土，保养。

3. 假山石进场，相石分类。堆叠开始。起脚，叠山腰，结顶。

4. 收尾（和其他工种的衔接，各种构筑物的过渡，各种死角的处理，窗景门景的完善）。清理场地。如有可能最好假山上的岩生植物由假山工种完成。

（1）假山工程施工的图纸整理和施工记录。

（2）假山质量事故的预防和处理。

（3）假山施工质量的验收（规范，方法，顺序或程序）。

5.2 园林假山工程施工质量控制

假山的施工理论上是由假山的带班师傅带领假山工人以班组为单位独立完成。师傅的个人修养和文化底蕴决定了假山造型、细部处理以及假山在整个园林中所占的空间比例。作为一个合格的管理人员，应该协调好甲方、设计方、监理和施工班组的各种矛盾和问题。了解甲方的需求，理解设计师的意图，严格按规范施工，沟通和解决师傅和工人的施工难题。

5.2.1 施工前准备工作

施工前准备工作主要有：认真研究和仔细会审图纸，做好施工前的技术交底，准备施工材料（山石材料、辅助材料和工具等）、施工机械设备、配备施工管理和技术人员等。

5.2.2 假山施工工艺流程

假山施工工艺流程一般为：准备石料—定点放线—挖基槽—基础施工—拉底—中层施工（山体施工、山洞施工）—填、刹、扫缝—收顶—做脚—竣工验收—养护期管理—交付使用。

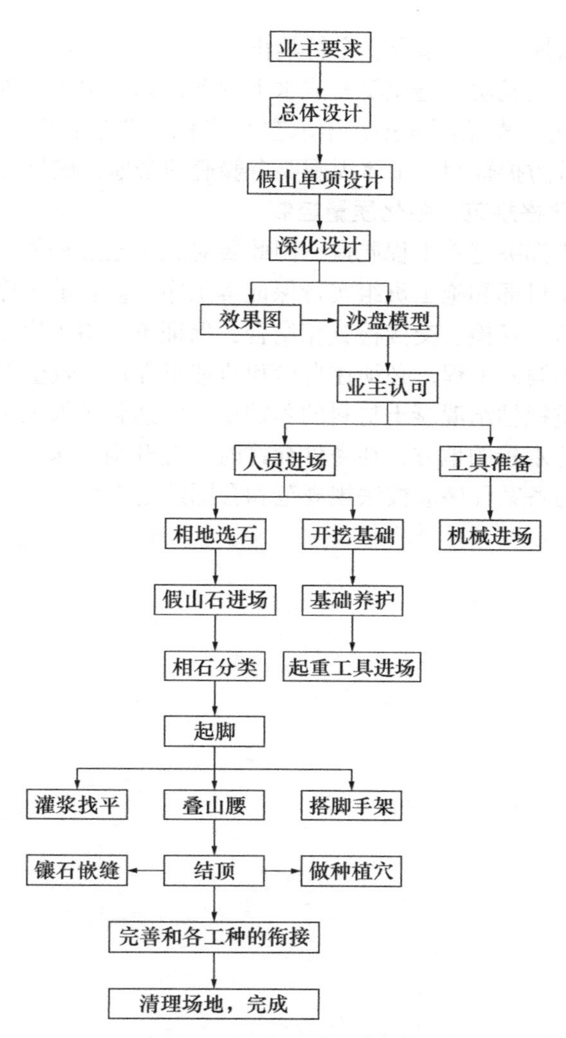

以上为假山的施工流程。在编制假山施工方案前理解和熟知业主对园林的要求和各项功能的要求，并和业主沟通对假山的具体要求。熟悉图纸，和设计师探讨设计不合理之处或者结构难度和安全等问题。制作沙盘，将业主和设计师的思路完全反映在沙盘上，并进行合理修改。概括地说此阶段是假山立意。沙盘也是将来对假山造型验收的标准！

5.2.3　假山工程施工质量控制要点

1. 施工顺序中的质量控制

施工应注意顺序先后，应自后及前、由主及次、自下而上、由表及里，进行分层作业。每层高度在 300 ～ 800mm 之间，各工作层叠石务必在胶结材料完全凝固之后，才能开始下一层施工。万万不可凝固期间强行施工，一旦松动，胶结料无效，影响工程质量。喷头、音响、水电管线等孔洞应预留、预埋，忌事后穿凿，造成石体松动。

2. 施工过程中的质量控制

对于结构承重石必须小心挑选，保证有足够强度，悬挑石检查有无开裂和影响强度的孔洞。山石就位前可以按叠石要求原地立好，进而拴绳打扣、起吊。无论人抬或机吊都应有工程师或技术人员指挥、统一指令、令行禁止。

山石就位应争取一次成功，避免反复或水平挪动，如一次不能安置到位，必须重新起吊安装。用石必查虚实，靠压不靠拓，争取垫平安稳，严丝合缝。拴绳打扣起吊等要牢靠，操作工人必须穿戴防护鞋帽，山体周围要有躲避的余地，确保安全。

3. 分部分项验收严格规范，强化质量控制

假山工程的每一步都决定着工程质量，因此要对施工全过程的分部分项施工的各工序进行质量控制。要求项目部和施工班组实行保证本工序、监督前工序、服务后工序的监理工程师质量检查和自检、互检、交接检查相结合，保证不合格工序不被转入下道工序。尤其对于隐蔽工程和假山洞穴工程，必须在自检和监理工程师验收全部合格后才能封闭。

掇山完毕后，应重视粘结混凝土材料的养护期，没达到足够的强度时禁止拆除模具或支撑。有喷泉、瀑布等水景的地方，在条件允许时，应开闸试水，检查管线、水池等是否漏水漏电。竣工验收与备案程序应按法规规范和合同约定进行。

第2篇

操作技能

第 6 章　假山图纸的绘制、识图与石材识别

6.1　绘图识图

6.1.1　总平面图

总平面图主要表达假山位置和朝向，与原有建筑物的关系，周围道路、绿化布置及地形地貌等内容。它可作为假山定位、施工放线、土方施工和施工总平面布置的依据。

总平面图是设计范围内所有造园要素的水平投影图，它能表现设计范围内的所有内容，包括：园林建筑小品、道路、广场、植物、景观设施和地形水体。将新建工程四周一定范围内的新建、拟建、原有的建筑绘制相应的图例，并画出的图样，即建筑总平面布置图，简称总平面图。

总平面图主要表示整个建筑基地的总体布局，具体表达新建房屋的位置、朝向以及周围环境（原有建筑、交通道路、绿化、地形等）基本情况的图样。总平面图中用一条粗虚线来表示用地红线，所有新建拟建房屋不得超出此红线并满足消防、日照等要求。总平面图中的建筑密度、容积率、绿地率、建筑占地、停车位、道路布置等应满足设计规范和当地规划局提供的设计要点。总平面图主要表达假山位置和朝向，与原有建筑物的关系，周围道路、绿化布置及地形地貌等内容。它可作为假山定位、施工放线、土方施工以及施工总平面布置的依据。

1. 总平面图的形成

主要由标题、指北针、比例尺等组成。

（1）标题：主要指项目名称（某公园规划设计，某小区游园规划设计）及设计图纸名称（某公园设计平面图）。

（2）指北针或风玫瑰：指北针是一种用于指示方向的工具，用来指示北方方位（图 6–1），广泛应用于各种方向判读，例如航海、野外探险、城市道路地图阅读等领域。

风玫瑰：表示该地区风向情况的示意图，分 16 个方向，根据该地区多年统计的各个方向的风吹次数的百分数绘制，风玫瑰常与指北针合并画在一起，粗实线表示全年风频情况，虚线表示夏季风频情况，最长线表示该地区的主导风向。

（3）比例或比例尺：比例尺是地图必须标示的符号，可以显示地表实际距离与地图显示距离的比例相关性，例如十万分之一比例尺的地图表示 1cm 即实际距离为 1km，对于不同比例的地图与实际距离的精确度而言，大比例尺的地图精确度较高。

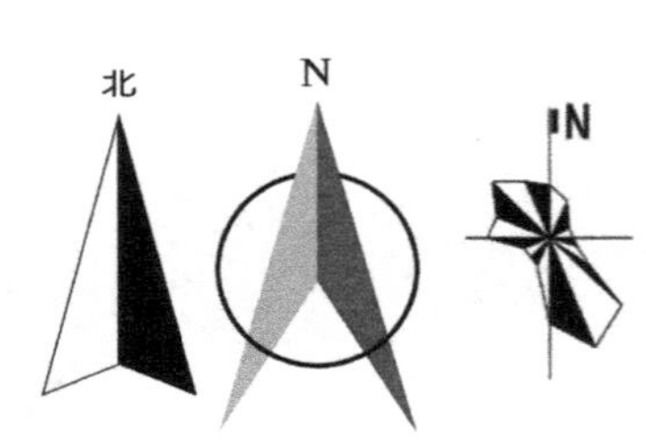

图 6–1　指北针（来自网络）

园林平面图根据大小采用适当的比例绘制，图样的比例是指图形与实物相应要素的线性尺寸之比。在平面图上标注

图名的同时需要标注比例，依据比例可以得知园林的实际尺度大小（图 6–2）。比例的符号为“：”，比例应以阿拉伯数字表示，如 1：1、1：2、1：100 等。比例宜注写在图名的右侧，字的基准线应取平；比例的字高宜比图名的字高小一号或二号。通常比例呈整百比，常用的绘图比例为 1：200、1：500、1：1000 等。

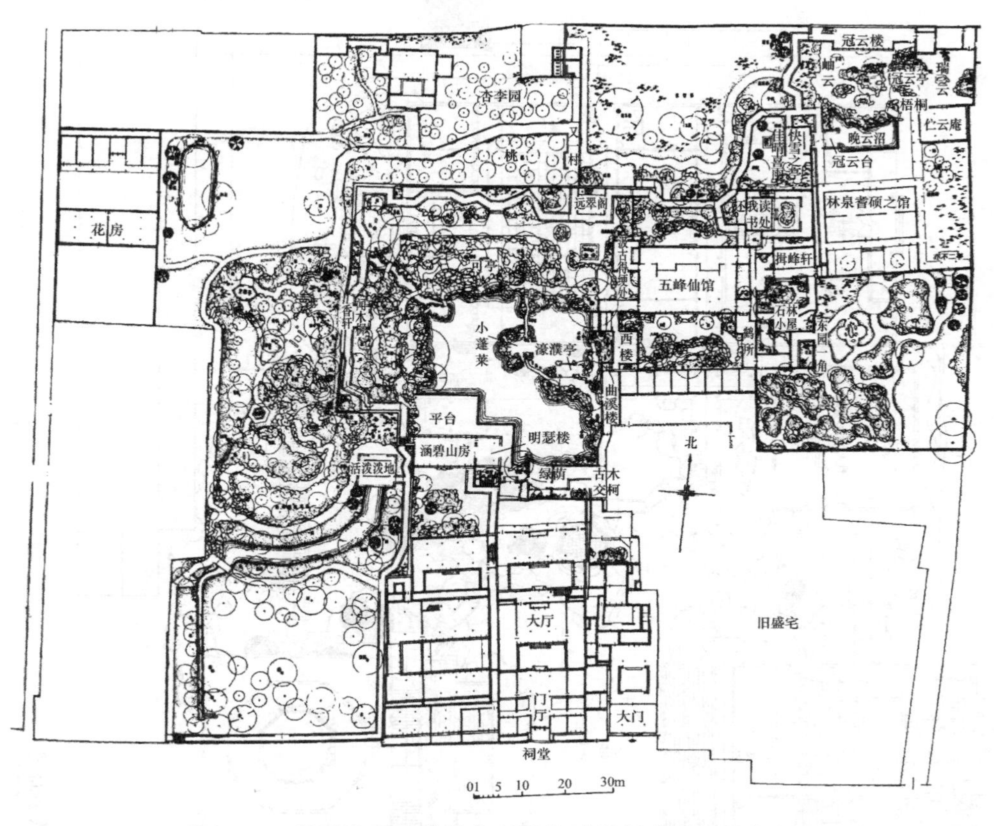

图 6–2　留园平面图（摘自刘敦桢《苏州古典园林》）

（4）图例表：用来说明图中一些自定义图例的对应含义，常见的图例表包括对平面图图例的说明及对平面图上设计内容的说明。

（5）网格：假山施工中，由于山石素材形态奇特，施工中难以完全符合设计尺寸要求，没有必要也不可能将各部尺寸一一标注。因此，一般采用坐标方格网法控制。方格网的大小根据所需精度而定，对要求精细的局部可以用较小的网格表示，一般为 2m×2m ～ 10m×10m，并以原有建筑转角点或原有道路边线为基准点。网格坐标的比例应与图中比例一致。

另外还有平面图、施工图等图纸与总平面图组成一套完整的图纸。

方案设计阶段的平面图直接反映设计者的设计意图，是经过分析基址后产生的初步设计方案。此时的平面图线条粗犷、醒目，平面表现力强，设计内容概括。

施工阶段的施工图是将园林设计方案与现场施工联系起来的图纸，此时的平面图要求规范，线条表现细致，能准确表示出各项设计内容的尺寸、位置、形状、材料、数量、色彩等，能够依据图纸指导现场施工（图 6–3）。

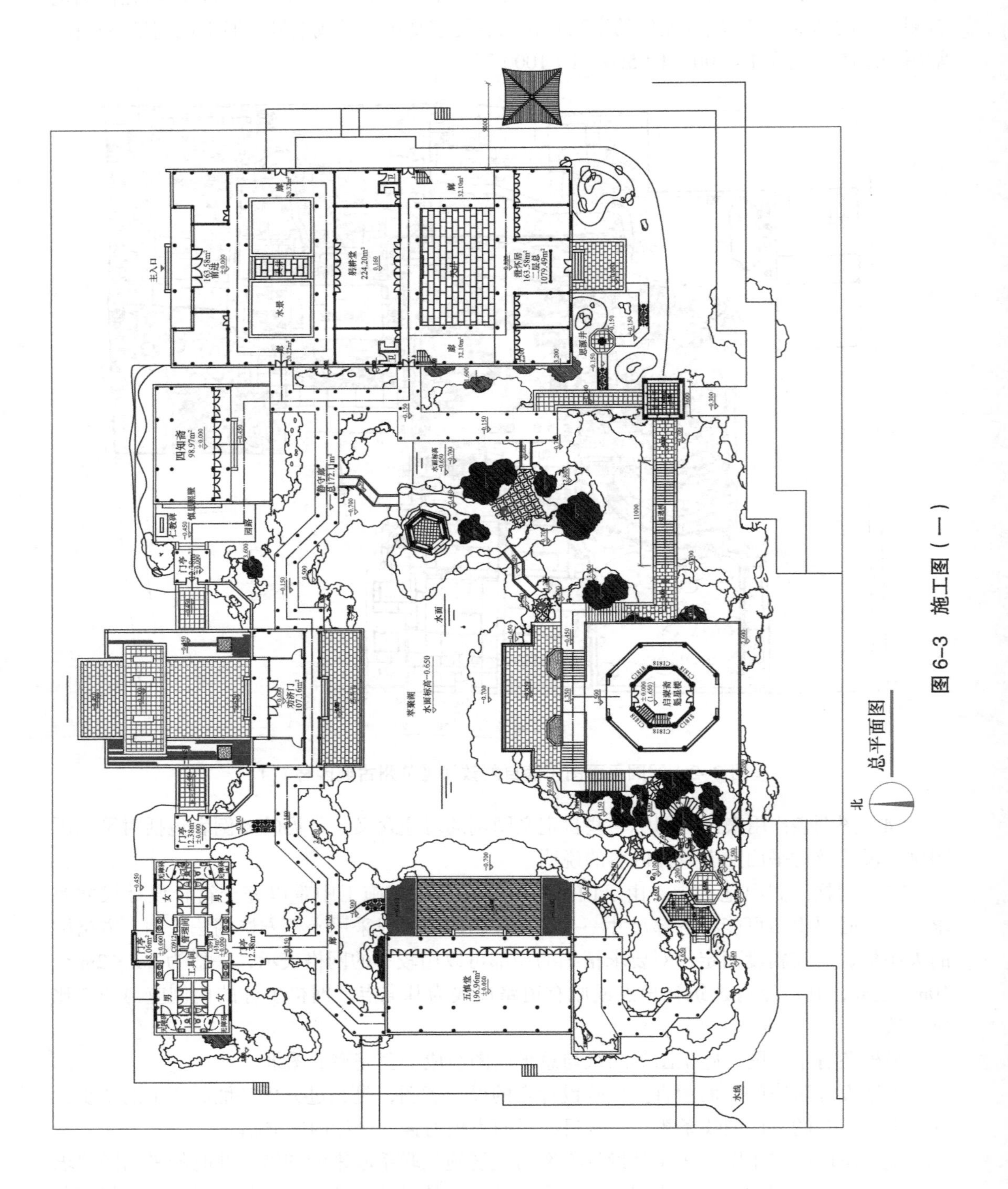

图6-3　施工图（一）

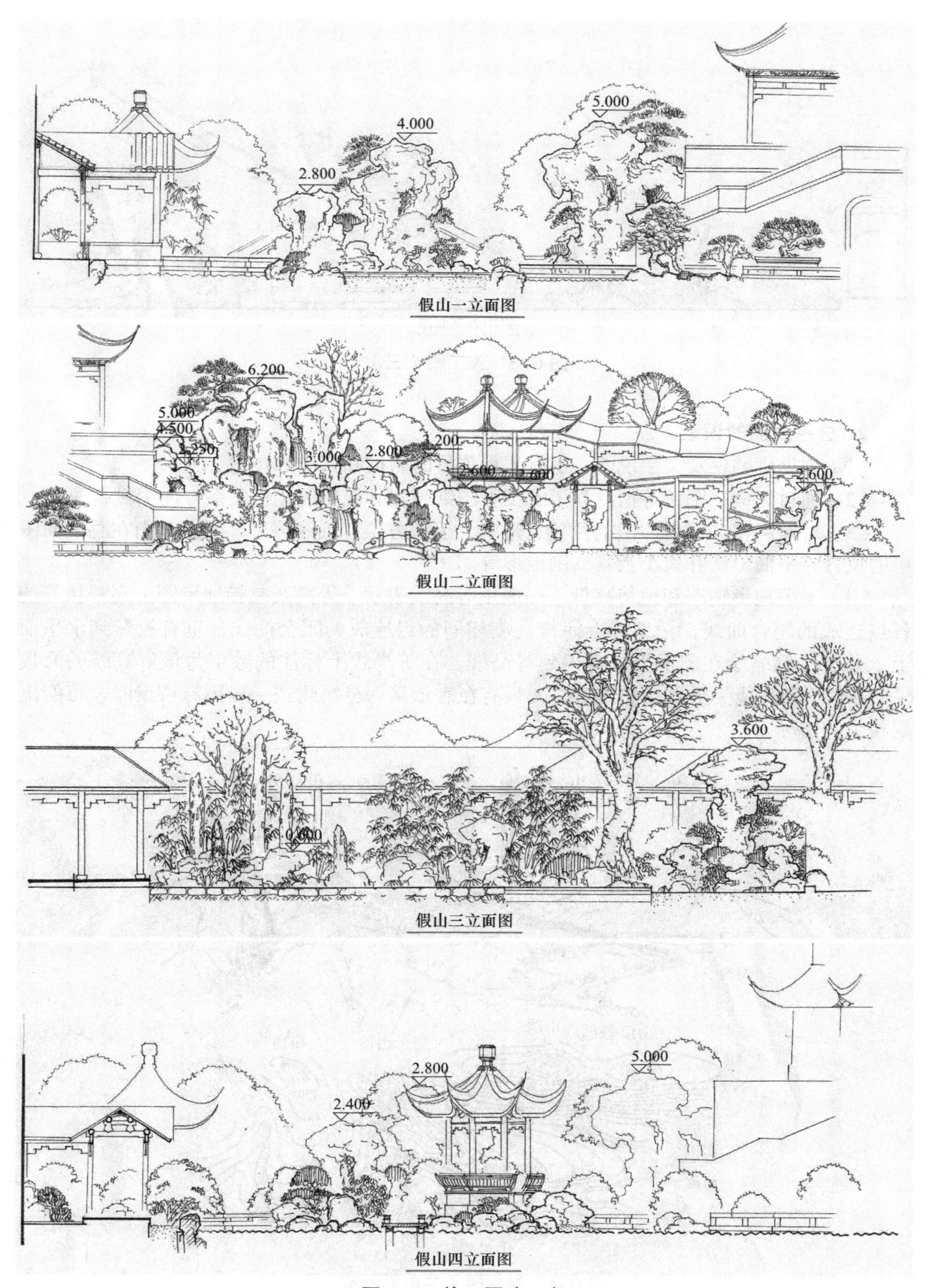

2.800
4.000
5.000
假山一立面图
6.200
5.000
4.500
2.250
3.000
2.800
3.200
2.600
2.600
2.600
假山二立面图
3.600
0.600
假山三立面图
2.800
2.400
5.000
假山四立面图

图 6–3　施工图（二）

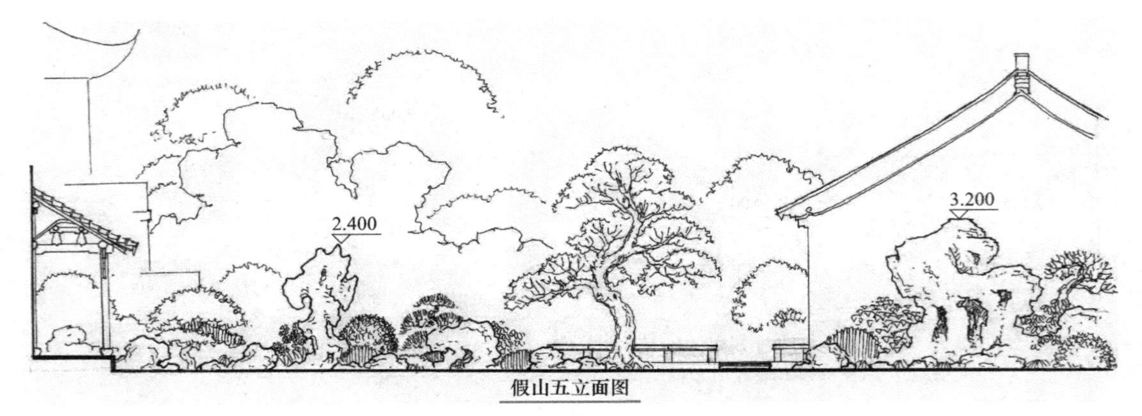

图 6–3　施工图（三）

2. 总平面图的识读

（1）根据标题栏及文字说明，了解工程项目的名称和相应的技术要求。

（2）通过比例、图例等信息，了解工程图纸与实际地形的比例关系，使用材料等。

（3）对照网格，了解假山的位置、形状，了解方位、轴线编号，明确假山在总平面图中的位置、平面形状和大小及其周围地形等。

（4）了解地形情况和地势高低，一般用等高线表示。等高线是指地形图上高程相等的各点连成的闭合曲线，把地面上海拔高度相同的点连成的闭合曲线，垂直投影到水平面上，并按比例缩绘在图纸上，就得到等高线。在等高线上标注的数字为该等高线的海拔（图 6–4）。等高线一般不相交或重叠。只有在表示某一悬挑物或一座固有桥梁时才可能出现相交的情况。

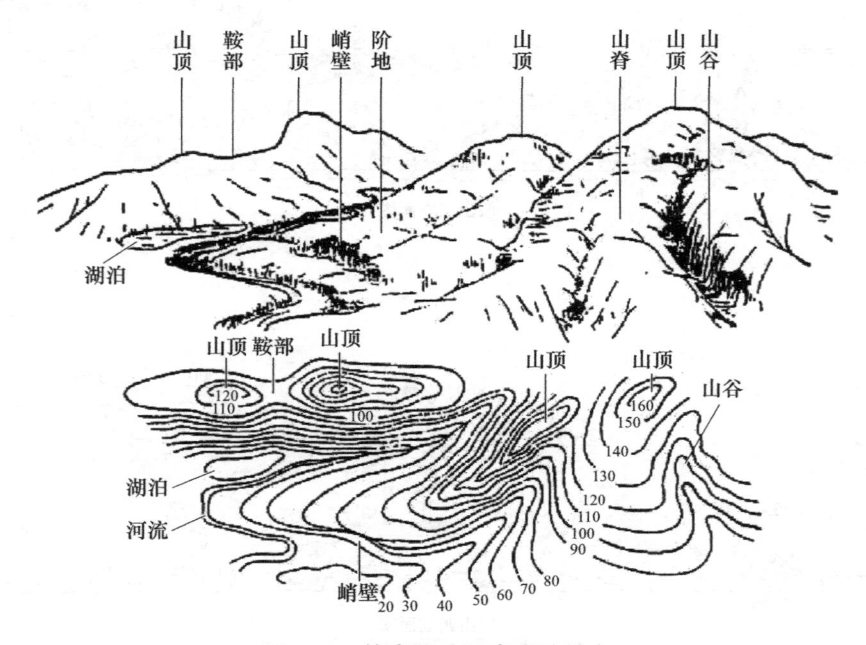

图 6–4　等高线（王惠康改绘）

等高线是最常用的地形平面图表示方法。在地形设计时，用设计等高线和原地形等高线可以在图上表示地形被改动的情况。绘图时，设计等高线用细实线绘制，原地形等高线则用细虚线绘制。当设计等高线低于原地形等高线时，则需要在原地形进行开挖，称之为“挖方”；反之，当设计等高线高于原地形等高线时，则需要在原地形增加一部分土壤，称之为“填方”（图 6–5）。

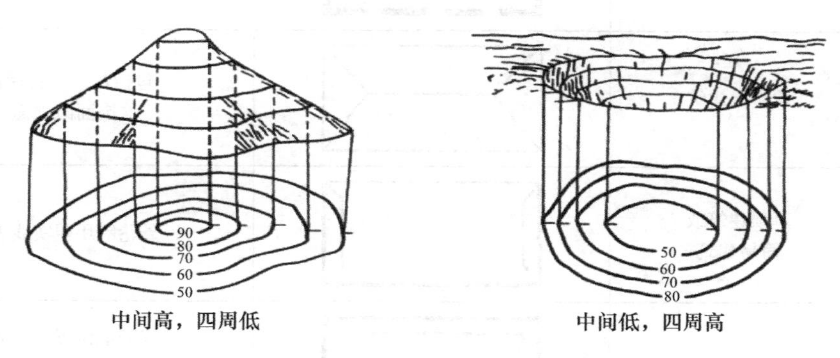

图 6–5 “挖方”与“填方”（王惠康改绘）

根据等高线可以分析出地形的高低起伏情况，从而得知山体各部的立面形状及其高度，辨析其前后层次及布局特点，领会山体的造型特征。

（5）通过指北针和风玫瑰，了解地形朝向与假山朝向。

6.1.2 园林绿地规划设计图例及说明

1. 建筑

建筑是四大造园要素之一，是在园林中供人们游览和使用的各类建筑物和构筑物。园林建筑种类繁多、形式多样，常见的建筑图例见表 6–1。

常见建筑图例 表 6–1

序号	名称	图例样式	说明
（1）	规划的建筑物		用粗实线表示
（2）	原有的建筑物		用中实线表示
（3）	规划扩建的 预留地或建筑物		用虚实线表示
（4）	拆除的建筑物		用细实线表示

续表

序号	名称	图例样式	说明
（5）	地下建筑物		用粗虚线表示
（6）	坡屋顶建筑	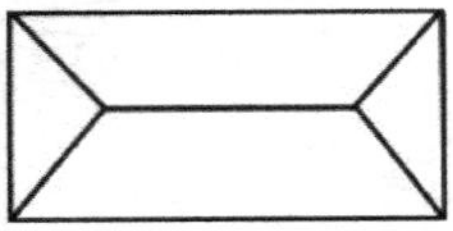	包括瓦顶、石片顶、饰面砖顶面
（7）	草顶建筑或简易建筑	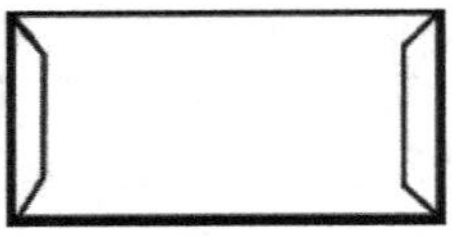	外轮廓用粗实线表示
（8）	温室建筑		仅表示位置，不表示具体形态，也可以根据设计形态表示
（9）	雕塑	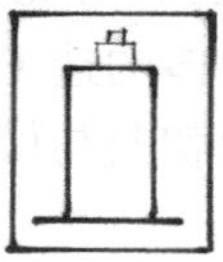	仅表示位置，不表示具体形态，也可以根据设计形态表示
（10）	花台	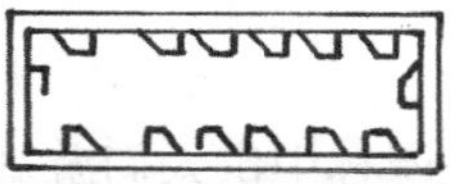	
（11）	坐凳	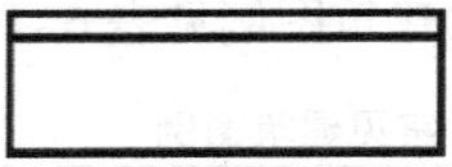	
（12）	花架	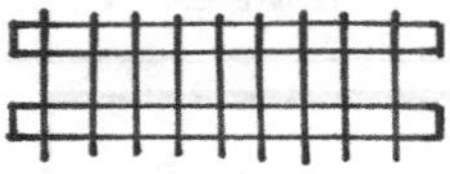	
（13）	围墙		上图为砌或镂空围墙，下图为栅栏或篱笆围墙
（14）	栏杆	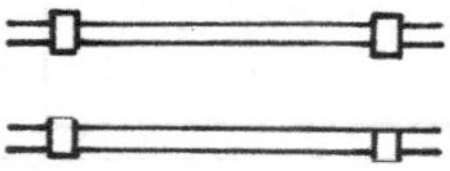	上图为非金属栏杆，下图为金属栏杆
（15）	园灯		用圆圈中加 × 形交叉线表示
（16）	饮水台	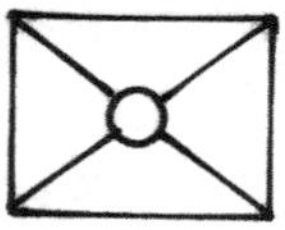	用方形加中空圆心及对角线表示

续表

序号	名称	图例样式	说明
(17)	指示牌		用实心长条形表示
(18)	护坡	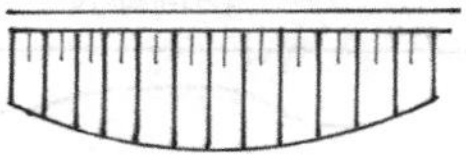	根据护坡实际边际用弧线表示
(19)	挡土墙	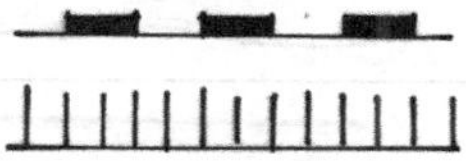	突出的一侧表示被挡土的一方
(20)	排水明沟	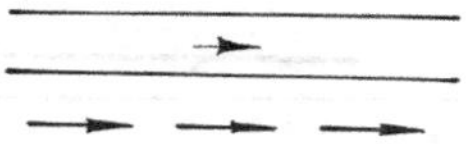	上图用于比例比较大的图面，下图用于比例比较小的图面
(21)	有盖的排水	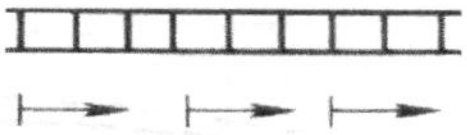	上图用于比例比较大的图面，下图用于比例比较小的图面
(22)	雨水井		用一半实心长方形表示
(23)	消火栓井		用一半实心圆形加T形表示
(24)	喷灌点		用一半实心圆形加圆弧表示
(25)	道路	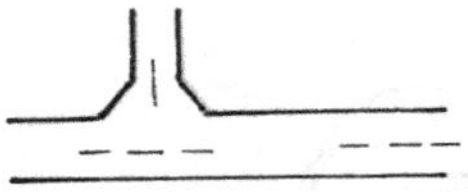	用实线表示道路边界 用虚线表示道路中线
(26)	铺装路面	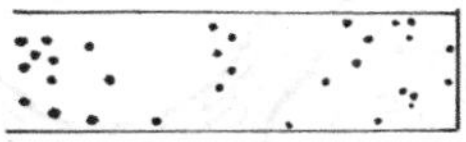	用实线表示道路边界 用点表示材质
(27)	台阶	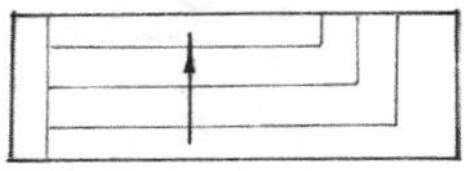	箭头指向表示向上
(28)	铺砌场地	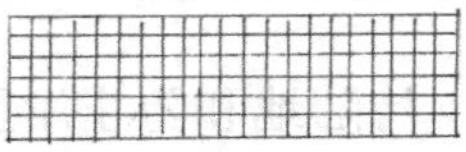	也可依据设计形态表示

2. 水体

园林水体的景观形式是丰富多彩的。水体设计既要模仿自然，又要有所创新。自然界中有江河、湖泊、瀑布、溪流和涌泉等自然景观。因此，水体设计中的水就有平静的、流动的、跌落的和喷涌的4种基本形式。在设计平面图上用设计水体的驳岸线范围来界定水体，通常采用平涂法等深线法来表示水体。等深线法是在靠近水岸线的水面中依岸线的曲折做 2 ～ 3 条闭合曲线，依次表示最高水位线、常水位线、最低水位线（表 6–2）。

常见水体景观图例　　　　表 6–2

序号	名称	图例样式	说明
（1）	自然形水体		
（2）	规则形水体		
（3）	旱涧		旱季一般无水或断续有水的山涧
（4）	跌水、瀑布		
（5）	喷泉		

溪涧是园林中常见的水体形式，常在两山之间，两岸多为石滩（图 6–6）。

图 6–6　溪涧

驳岸是一面临水的挡土墙，是支持陆地和防止岸壁坍塌的水工构筑物。驳岸可分为低水位以下部分、常水位至低水位部分、常水位与高水位之间部分以及高水位以上部分（图 6–7）。

3. 植物

植物是园林设计中应用最多的造园要素，园林植物分类方法较多，一般根据不同的植物特征，将其分成乔木、灌木、竹类、花卉、绿篱和草地等。常见图例见表 6–3。

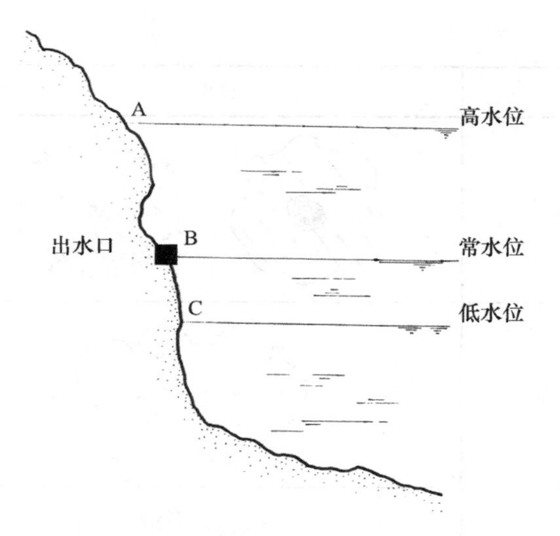

图 6-7 驳岸的水位关系

常见植物图例 表 6-3

序号	名称	图例样式	说明
（1）	落叶阔叶乔木		
（2）	常绿阔叶乔木		
（3）	落叶针叶乔木		
（4）	常绿针叶乔木		
（5）	落叶灌木		

续表

序号	名称	图例样式	说明
（6）	常绿灌木	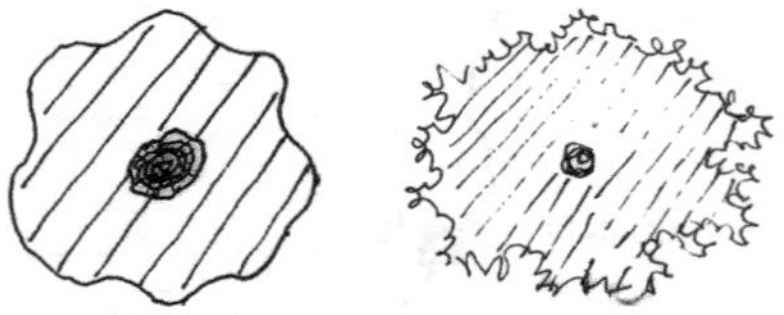	
（7）	阔叶乔木疏林		
（8）	针叶乔木疏林		
（9）	阔叶乔木密林		
（10）	针叶乔木密林	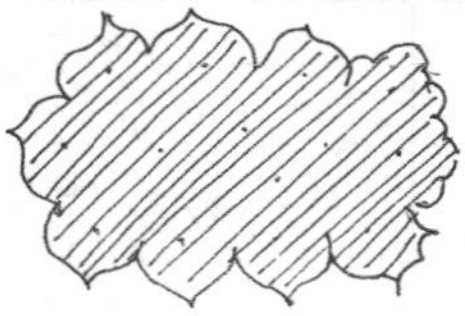	
（11）	落叶灌木丛	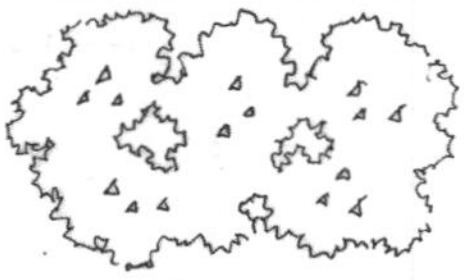	
（12）	常绿灌木丛	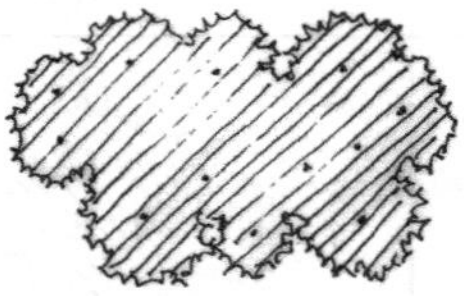	
（13）	自然形绿篱	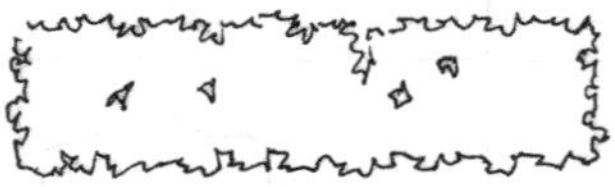	
（14）	整形绿篱	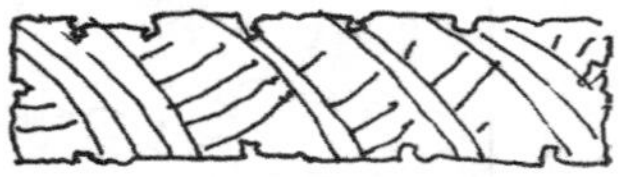	

续表

序号	名称	图例样式	说明
(15)	镶边植物		
(16)	一、二年生草本花卉		
(17)	多年生及宿根草本花卉		
(18)	一般草皮		
(19)	缀花草皮		
(20)	整形树木		
(21)	竹丛		
(22)	棕榈植物		
(23)	藤本植物		
(24)	水生植物		

4. 山石

山石常用来堆叠假山、置石、驳岸或点缀坡地、草坪、花境等，其常见图例见表 6-4。

常见山石图例　　　　表 6-4

序号	名称	图例样式	说明
（1）	自然山石		
（2）	自然山石假山		
（3）	土石假山		
（4）	人工塑石假山		
（5）	置石		假山花坛置石

5. 园路、园桥

园路是为满足观景、游览和游客集散的需求，园林中需要设置一定比例的游览道路与铺装场地。“有园必有路”，路是人走出来的，是园林的必要组成之一。

按照性质和使用功能园路大致可分为:主要园路（设计宽度在 4 ～ 6m）、次要园路（设计宽度为 2 ～ 4m）、游憩小路（宽度通常小于 2m）等。

园桥有平桥、拱桥、亭桥、廊桥、汀步等形式。曲折形的平桥是中国园林所特有的，不论三折、五折、七折、九折，通称“九曲桥”。

拱桥造型优美、曲线圆润，富有动态感。单拱的如网师园引静桥，多孔拱桥适于跨度较大的宽广水面，常见的多为三、五、七孔，著名的颐和园十七孔桥，长约 150m，宽约 6.6m，连接南湖岛，丰富了昆明湖的层次，成为万寿山的对景。

汀步是一种没有桥面、只有桥墩的特殊的桥，或者也可说是一种特殊的路，是采用线状排列的步石、混凝土墩、砖墩或预制的汀步构件布置在浅水区、沼泽区、沙滩上或草坪上形成的能够行走的通道。其常见图例见表 6–5。

常见路桥图例　　表 6–5

（1）	车行桥	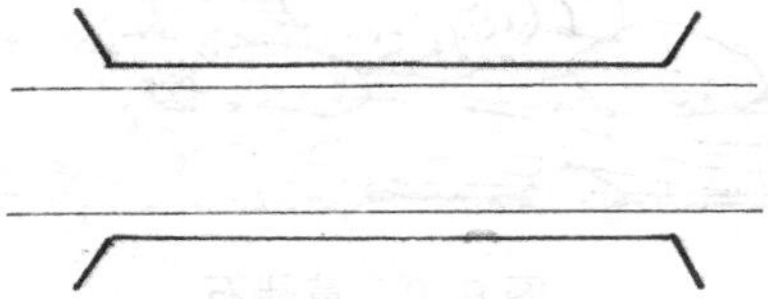
（2）	人行桥	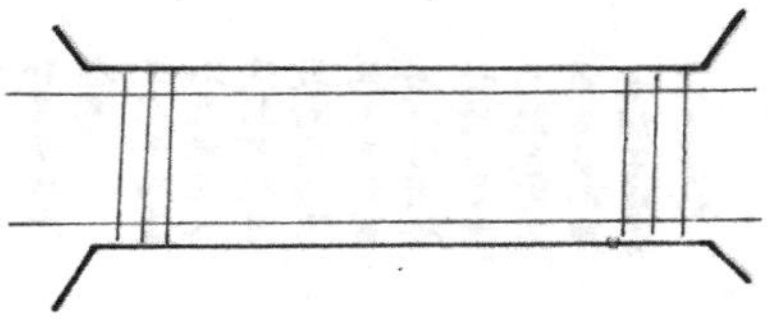
（3）	亭桥	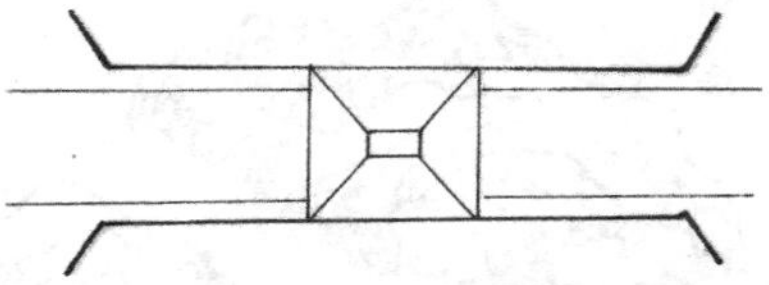
（4）	铁索桥	
（5）	汀步	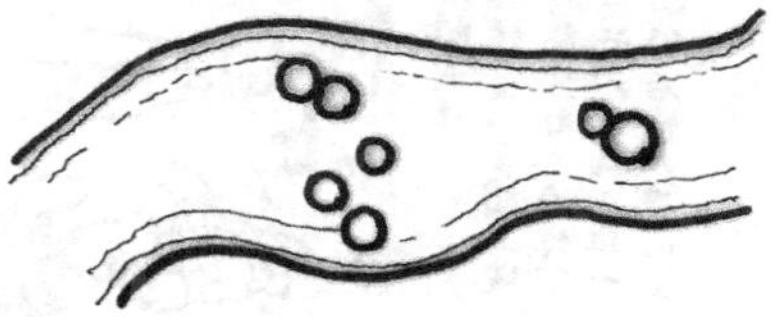

注：也可依据设计形态表示

6.2　假山石材识别

1. 假山石材识别

熟悉常用石材的名称、品种及主要产地等，如太湖石、房山太湖石、宜兴太湖石、巢湖太湖石等同属石灰岩，但因产地不同，其石材的质地、玲珑程度等均有所不同。就质地而言，有的轮廓浑圆，如黄蜡石（图 6–8）；有的棱角分明，如英石（图 6–9）；有的则皱漏，如太湖石。堆叠假山应该因地制宜，尽量选用当地或附近的优质石材进行堆叠（图 6–10）。

按照中华人民共和国住房和城乡建设部颁布的《园林行业职业技能标准》CJJ/T 237—2016 规定：职业技能五级假山工须识别常用石材（料）5 种以上，四级 8 种以上，三级 10 种以上，二级 15 种以上，一级 20 种以上石材（料）。

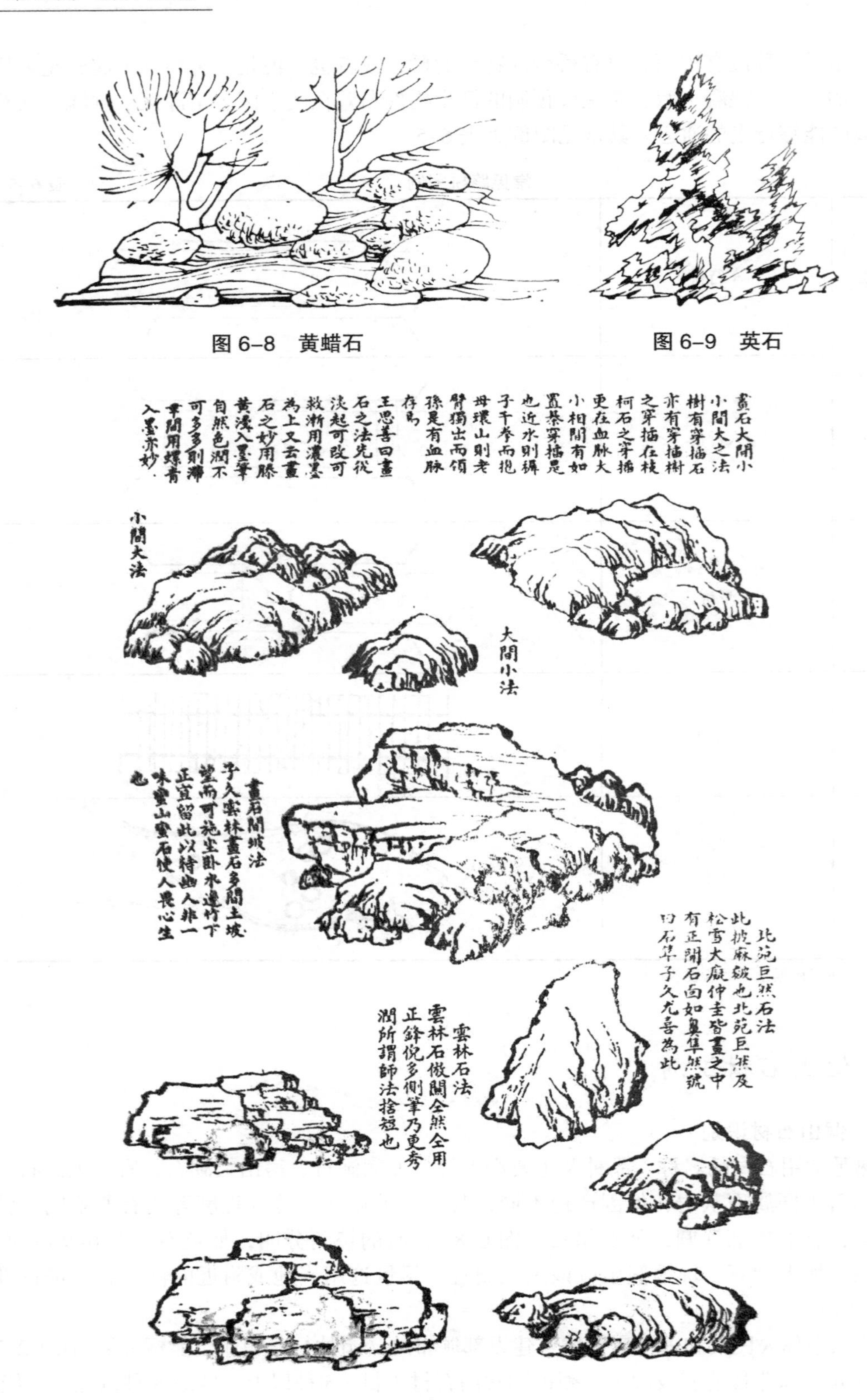

图 6-8　黄蜡石

图 6-9　英石

图 6-10　《芥子园画谱》之山石谱

2. 鉴别常用假山石材的优劣

假山石材的优劣决定着假山的稳固和质量，石材坚实则假山使用年限更为久远，并随着岁月的变迁，历史越久艺术感越强，也越有价值。假山石材的优劣，一是看石材的完整性，石材完整、无裂纹、无冲口。二是从颜色、光泽度、强度以及结构性等方面来看，色泽好、强度硬的石材更宜用来堆叠假山。

3. 根据假山造型挑选石材

堆叠假山一般根据分层堆砌需要的石材来进行试堆石。所以在堆砌假山前，先要对石材进行初步归类堆放。对于基础用石，可选择一些坚硬、平整或造型不佳的石材，在一些明清时期的假山中，因为太湖石稀缺，所以学用黄石打底，或用黄石作为假山洞的石梁，使得假山坚固长久。

到了假山中层就需要选择一些玲珑多孔的“花块”假山石料来叠砌石壁。至于假山收顶部分，则更需要选择一些造型完整的玲珑石块进行叠砌。

第 7 章　假山的施工材料和工具、设备

7.1　假山的施工材料

假山的施工材料主要有山石、黄沙、水泥和辅助材料等。

1. 山石

按设计要求采购合适的山石（太湖石、黄石、英石等）。采办山石应由施工方主导，并得到设计人员、业主和监理认可。根据设计中山体的大小选择适合的假山石（巨型山用大石）。并选出特定要的几块山石（结顶、山腰、洞口洞顶等）。

如果选择的山石符合以下几点，那么整座假山已经成功了一半。

（1）石质统一：包括内部石质和颜色统一，质地坚硬等;

（2）纹理统一;

（3）表层颜色统一;

（4）大小搭配;

（5）外观形状符合要求。

山石进入场地后要进行一次整理，结顶石、洞口洞顶石等特殊的山石要单独放好。

2. 黄沙

堆假山的黄沙要用中粗砂。因为堆假山中的灌浆和勾缝都需要粘合力。

3. 水泥

正常部位的灌浆用水泥只要 400 号水泥（强度等级为 32.5）。特殊部位可以用高强度等级水泥。灌浆和勾缝的砂浆比例为水泥：黄沙＝ 1 ： 1。

4. 辅助材料

（1）石条石钉：此材料在以前堆假山时大量使用。现在用钢筋混凝土替代。一般用在洞顶部位和悬挑部分上方。

（2）木撑：在假山的制作过程中对悬挑的假山石作临时支撑用。要求木材直挺和坚固。

（3）焊接材料和捆绑材料：内部用钢筋铁件焊接连住相邻的假山石。外面用铁丝或绳索捆绑住假山石，用粘结材料固定好假山石后再拆除捆绑材料。此种材料一般用在悬挑和洞顶部位。

（4）粘结材料：一般为环氧树脂，若假山峰石在运输或施工过程中断裂则用作修补。

7.2　假山的施工工具与设备

7.2.1　起重设备和工具

假山的起重设备和工具主要有机械起重和手动起重两种。

1. 机械起重

随着社会的发展，目前各种类型的汽车吊车非常普及。在施工场地允许的条件下，汽车吊车是假山施工的首选（图 7–1）。各类钢丝绳和锁扣都由吊车提供。在泥地环境中可以选择履带式吊车。在泥地环境中也可以用挖掘机进行花坛假山和护坡假山的施工。若在吊车够不到的地方，场地又比较平坦和硬化，可以选择叉车施工。总之能够使用机械化起重施工就不用人工起重施工。

图 7–1　汽车吊车

2. 手动起重

手动起重的设备和工具主要有三脚架、手拉葫芦、杠棒、棕绳、钢丝绳、承重链等（图 7–2）。

图 7–2　手动起重示意图

7.2.2　运输设备和工具

机械运输短驳工具主要有吊车、卡车、叉车以及装载机等。

手工运输短驳工具，平整场地用液压拖车。传统假山叠石常用棕绳绑扎和杠棒双人肩抬（图 7–3），现在常在复杂场地用杠棒人工肩抬石。在复杂的场地中运输一块峰石就要用到旱船、滚动钢管和撬棒。泥地还需要垫层钢板，或用三脚架慢慢移动。

图 7–3　传统假山石运输

7.2.3　假山施工设备和工具

堆山工具主要有杠棒、棕绳、大锤小锤、撬棒、三脚架、手拉葫芦等。

1. 绳索

绳索是捆绑山石后起吊、搬运的主要工具之一。一般多采用麻绳，较少使用钢丝绳，因为麻绳的质地较柔软，打结和解扣比较方便，使用的次数也相对较多。现在则采用合成纤维吊装带，它是一种新型软体吊索，性能优异，打结方便。

如何套绳、打结关系到山石起吊、搬运、堆叠的安全问题，所以找准山石的重心位置，因石制宜、重心准确、受力均匀、扣结牢固、穿绕便解是绳索捆绑山石的基本要求。绳索的打结，现一般常用打活结的方法（图 7–4），简便易扣、解扣方便，这是假山工程施工的首要技能。

2. 杠棒

杠棒是原始的人工搬抬运输山石的工具，南方一般多用毛竹，直径 6 ～ 8cm，节间长度 6 ～ 11cm，杠棒长度约 180cm。

3. 撬棍

撬棍一般用粗钢筋（$\phi20$ ～ $\phi40$）制成长约 160cm 的大铁撬棒，其一端或两端常被锻打成扁宽锲形，以便撬拨山石的底部（图 7–5）。还有一种是长 60 ～ 80cm 的小铁撬棒，这是在假山施工中使用较多的又一种重要的手工操作必备工具。

图 7–4　常用活结打法

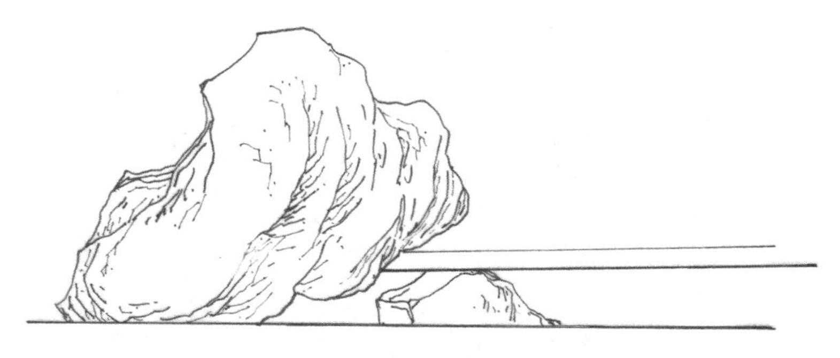

图 7–5　撬棍（王惠康绘制）

4. 破碎工具

铁锤（榔头）是用以锤击破碎石块的工具，大锤一般选用 8 ～ 12 磅的中型方锤。为了击碎小型山石或轻敲石块刹入靠紧，也需要 1.5 ～ 2 磅的小铁锤。另一种尖嘴小铁锤则作修凿之用。

7.2.4　镶拼勾缝工具

泥桶、灰铲、柳叶抹勾缝条。

7.2.5　辅助设备和工具

手推车、铁锹、灰耙、砂浆搅拌机、电缆线、电焊机、钢筋绑扎工具等。

7.2.6　安全设备

安全帽、安全带、防护手套、帆布工作服、劳动皮鞋等。

第 8 章　假山基础工程与管线布置

8.1　假山基础工程

堆叠假山和建造房屋一样，必须先做基础，即“立基”。首先按照预定设计的范围开沟打桩。基脚的面积和深浅，则由假山山形的大小和轻重来决定。计成在《园冶》“立基”条中说:“假山之基，约大半在水中立起。先量顶之高大，才定基之浅深。掇石须知占天，围土必然占地。最忌居中，便宜散漫。”所以园林假山的堆叠必须从设计出发，做到胸有成竹、意在笔先，先确定假山基础的位置、外形和深浅等，否则当假山的基础已出地面，再想改变假山的整体形状，增加高度或体量，就很困难了。一般假山基础的开挖深度以能承载假山的整体重量不至于下沉为准，并且以能历经久远的年代里不变形的要求为原则，同时也要达到假山工程造价较低且施工简易的要求。

8.1.1　假山工程基础的种类

假山工程的基础可分为陆地和涉水两种，在做法上又有桩基、灰土基础和混凝土基础之分。

1. 桩基

桩基是一种最古老的假山基础做法，《园冶・掇山》中说:“掇山之始，桩木为先，较其短长，察乎虚实。”尤其是水中的假山或假山驳岸，使用较为广泛。其原理是将桩柱的底打入水下或弱土层下的硬土层，以形成一个人工加强的支撑层，桩柱在假山基础范围内均匀分布，这种桩称为“支撑桩”(图 8–1)。平面布置按梅花形排列的则称“梅花桩”，用以挤实土壤，加强土壤承载力，则称之为“摩擦桩”。桩柱通常多选用柏木或杉木，以取其通直而较耐水湿。桩柱直径一般在 10 ～ 15cm，桩长一般在 100 ～ 150cm 不等。如做驳岸，少则三排，多则五排，排与排之间的间距一般在 20cm 左右。在苏州古典园林中，

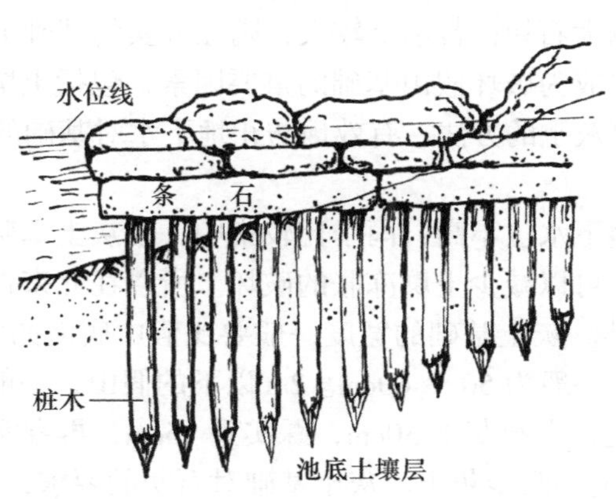

图 8–1　木桩桩基剖面示意图

凡有水际驳岸的假山基础，大多用杉木桩（图 8–2、图 8–3），如拙政园水边假山驳岸的杉木桩长约 150cm；而北方则多用柏木桩，如北京颐和园的柏木桩长约 160 ～ 200cm。桩木顶端露出湖底十几厘米至几十厘米，其间用块石嵌紧，再用花岗岩条石压顶。条石上面再用毛石和自然形态的假山石，即《园冶 • 掇山》所云："立根铺以粗石，大块满盖桩头"。条石和毛石应置于最低水位线以下，自然形态的假山石的下部亦应在水位线以下，这样不仅美观，也可防止桩木的腐烂，所以有的桩木能逾百年而不坏。

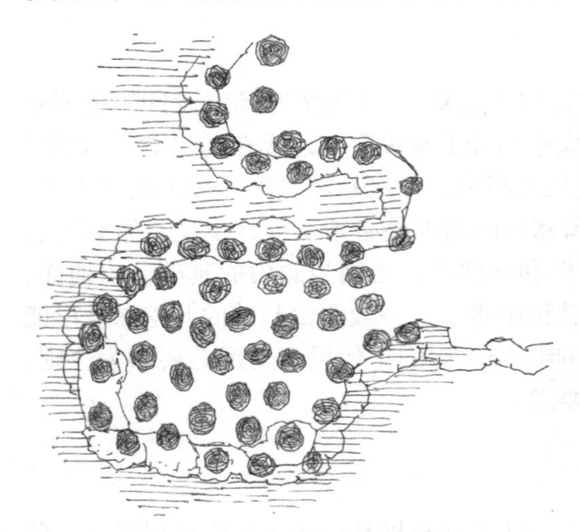

图 8–2　木桩桩基平面布置示意图

图 8–3　留园中部假山残桩

除了木桩之外，也有用钢筋混凝土水泥桩的。由于我国各地的气候条件和土壤情况各不相同，所以有的地方如扬州地区为长江边的冲积砂层土壤，土壤空隙较多、较通气，加之土壤潮湿，木桩容易腐烂，所以还采用"填充桩"的方法。所谓"填充桩"，就是用木桩或钢杆打桩到一定的深度，将其拔出，然后在桩孔中填入生石灰块，再加水捣实，其凝固后便会有足够的承载力，这种方法称为"灰桩"；如用碎瓦砾用来充填桩孔，则称为"瓦砾桩"。桩的直径约为 20cm，桩长一般在 60 ～ 100cm，桩边的距离为 50 ～ 70cm。苏州地区因其土壤黏性相对较强，土壤本身就比较坚实，对于一般的陆地置石或小型假山，常采用石块尖头打入地下作为基础方法，称之为"石钉桩"。再在缝隙中夹填碎石，上用碎砖片和素土夯实，中间铺以大石块；若承重较大，则在夯实的基础上置以条石。北京圆明园因处于低湿地带，地下水成为破坏假山基础的重要因素，包括土壤的冻胀对假山基础的影响，其常用在桩基上面打灰土的方法，有效地防止地下水对基础的破坏。

2. 灰土基础

某些北方地区，因地下水位不高，雨季比较集中，使灰土基础有较好的凝固条件。灰土一经凝固，便不透水，可以减少土壤冻胀的破坏。所以在北京古典园林中，位于陆地上的假山，多采用灰土基础。灰土基础的宽度一般要比假山底面的宽度多出 50cm 左右，即"宽打窄用"。灰槽的深度一般为 50 ～ 60cm。2m 以下的假山，一般是打一步素土，再打一步灰土。所谓的一步灰土，即布灰土 30cm，踩实到 15cm，再夯实至 10cm 多的厚度；2 ～ 4m 高的假山，用一步素土、两步灰土。灰土基础对石灰的要求，必须选用新出窑的块灰，并在现场泼水化灰，灰土与水的比例为 3 : 7，素土要求是颗粒细致、均匀、不掺杂质的黏性土壤。

3. 混凝土基础

近代假山一般多采用浆砌块石或混凝土基础，这类基础耐压强度大，施工速度快。块石基础常用没有造型和没有利用价值的假山石或花岗岩毛石、废条石等筑砌，所以也称毛石基础。这种基础适用于中小型假山。基础的厚度根据假山的体量而定，一般高在 2m 左右的假山，厚度在 40cm 左右，4m 左右的假山，厚度则在 50cm 左右（图 8–4）；毛石基础的宽度应比假山底部多 30cm 以上。毛石须满铺铺平，石块之间相互咬合、搭配紧密，缝隙用碎石及 150 ～ 200 号的水泥砂浆或混凝土灌实作平、连成整体。堆叠大型假山则常采用钢筋混凝土整板基础，先需要挖土至设计所需的基础深度，人工夯实底层素土，再用 150 ～ 200 号的混凝土做厚约 7 ～ 10cm 的垫层，然后再在上面用钢筋扎成 20cm 见方的网状钢筋网，最后用混凝土浇注灌实，经一周时间的养护，方可继续施工。

图 8–4　混凝土假山基础

8.1.2　假山工程的施工

假山基础必须由专业设计人员设计出图，因为基础牵涉到沙土、黏土、老土、回填土、土壤含水率、抗压强度等。假山施工人员可以提供假山的总吨位和局部面积重量。当水池和主体假山为一体时，不均匀的受力往往会使水池断裂，所以在基础方面应非常小心。

一般在小型假山或者私家花园中可能没有基础图纸时，设计基础一般由假山施工人员承担。在这种情况下应该进行如下操作：

1. 点石

单块或由单块组合的点缀小品（峰石，即标记石，有一定高度的竖直摆放的假山石不在此列）。此类假山对基础要求不高，只要保证假山石下面的水土不流失即可，微量的沉降不影响效果。

2. 叠石

二层或二层以上的叠石都要做基础，包括峰石、标记石、有一定高度的竖直摆放的假山石。

正常情况下，假山基础都以挖到老土为标准。地面到老土的高差用毛石填补，表层浇注 200mm 厚混凝土。压强超过 5t/m^2 的假山浇注 200 ～ 300mm 厚的双向双层钢筋混凝土整版基础。

遇见复杂地基的时候，采用打桩、钢筋混凝土与大版基础相结合的办法。在水泥出现之前，假山驳岸和各类山体都是先打梅花木桩，在木桩上以十字相叠铺几层石板。

3. 山洞和山谷

由于山洞和山谷的基础受力是反向的，所以为了防止基础产生不均匀沉降，一定要做整版基础，尤其是山洞，不能有一点点差错。

4. 瀑布假山和水池

为了显示出瀑布的气势，瀑布假山一般都做得比较高大，所以它的单位受力面积集中，在和水池结合的时候非常容易受剪力开裂，此类假山的基础主要在瀑布假山。应分二次施工，在挖到老土的情况下，先做假山基础，假山的基础完成面是水池基础的老土面，再统一做水池。池底到池壁的高差用毛石混凝土填补，水池和假山的基础间留出伸缩缝。

5. 复杂地形的假山基础

江南地带水网密布，开挖基础时常会遇到老的河道或者弹簧土；北方地区也会遇到流沙层。在遇到老的河道或者弹簧土时，应先打桩，后采用柔性垫层（黄沙），厚度在 1m 左右。在保证黄沙不流走的前提下再做碎石垫层和双向双层钢筋混凝土整版基础。在遇到流沙层时，先打桩，后做三七土基础，即三成石灰七成细黏土，拌匀后逐层夯实（200mm 一层），厚度视需要定夺。大型假山还需要整版基础。

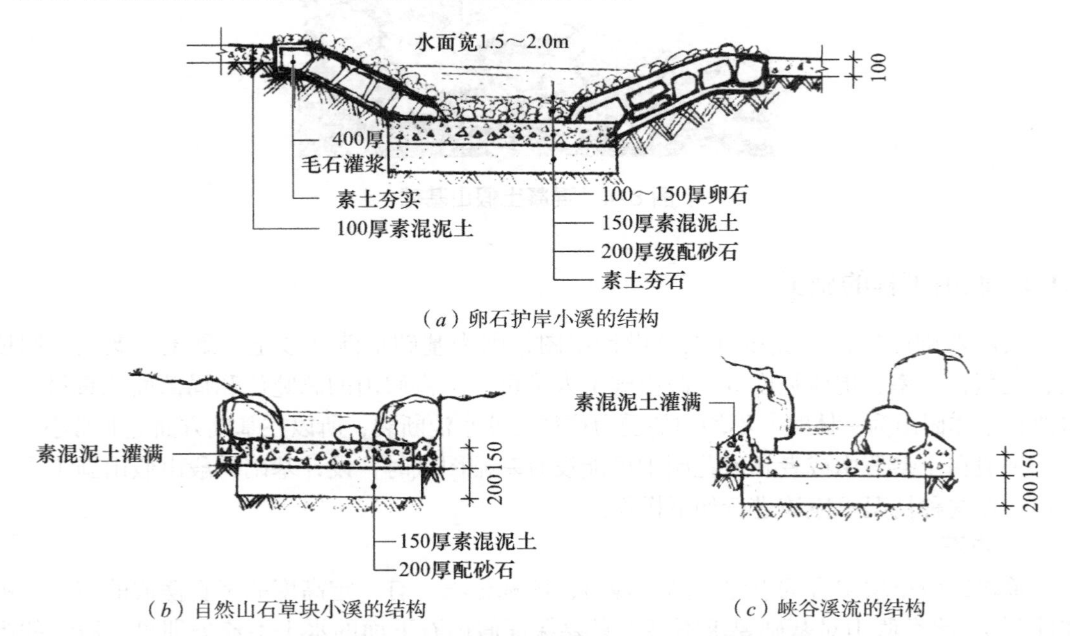

图 8–5 常见水道结构图（摘自林方喜等《景观营造工程技术》）

8.2　假山的管线布置与施工

在进行假山山体堆叠时，绕不开瀑布假山或溪流叠泉。叠山理水中山是骨骼，水是脉络。瀑布或溪流都离不开水的提升和存蓄，也就是说离不开电源、线管、水泵以及上水管、蓄水池等。

8.2.1　假山的管线布置

在水景叠石中，必须设计好管线位置，以及蓄水池和出水口的瀑布线路图样等。

1. 地下管线图

地下管线图是和假山有关联的图，应确认上水、雨水、污水、电信、电力、煤气、背景音乐、监控等管线的位置。并特别需要注意假山上水管管径的大小、管底或管顶标高、压力、坡度，假山上的灯控线的大小、位置、走向等。工程竣工后需在竣工图上注明更改的或按图施工的各类管线，交给甲方存档，以便将来维修。

2. 平面图

应确认各项内容的标高，理清各项内容的关系。山体的长和宽及曲线走向，蓄水池、出水口的位置，将水系的方向牢记于心。

3. 立面或剖面图

立面或剖面图可以清晰地反映山体高度和瀑布高度的比例关系，各类上山管道的隐蔽点，也能够反映瀑布的循环和工作原理。

8.2.2　假山管线施工

自然界的瀑布，上游的溪流或河道的水流遇到断崖后水流跌落形成瀑布。人工瀑布是依靠电能用水泵把低位的水抬升到需要的高度，然后让水自然跌落形成瀑布。

1. 小型瀑布假山或溪流假山

上水管管径小于50mm，水泵每小时供水小于2m^{3}均为小型瀑布假山。此类假山的上水管比较小，利于隐蔽。所以一般这种假山在堆叠至腰身的时候才开始排管。如果管子可以用砂浆保护，则建议选用带钢丝的软管，此种方法不影响堆山的过程和造型。

水泵位置一般安置在山脚隐蔽处，还要考虑选择维修方便的地方，因此在浇筑水池时要预留安置水泵的集水坑。

蓄水池宜大不宜小，不管瀑布还是溪流都需要缓冲，能否使水流在出水口平缓快速的流出，取决于蓄水池的大小和水道的宽窄长短。

2. 中型瀑布假山

管道直径110mm以内，流量每小时10m^{3}以内一般可以被认定为中型瀑布假山。在PE管和热熔管出现前一般都是采用白铁管，当然PE管和热熔管也不能弯曲，因此在堆山前都要预埋管道。管道竖向的位置就是瀑布蓄水池的位置，为了隐蔽上水管，假山在造型上可能会受一些影响，这些都要在施工前准备。10m^{3}的水泵最好用清水泵（自吸泵），以便延长使用寿命。单独建一个小型的泵房，可以用混凝土浇筑，也可以堆一个小型石室。管子要预埋，吸水口应注意隐蔽。中型瀑布假山的山体比较大，可能有上山的游步道，因此要预埋电线管，路灯、地灯、景观灯、背景音乐和监控的线等。控制开关尽量放在门卫或远离水汽的地方。

3. 大型水景假山

大型水景假山要先做好泵房，排好管线。蓄水池和各个出水口用钢筋混凝土浇筑，并在试水成功后才能开始堆砌假山。这样做的好处是在水的方面不会有返工的情况发生。大型假山的布局比较复杂，各类牵涉到水的山型如池、潭、涧、洞、溪流、泉、瀑布、汀步、滩等。第一是要做到标高准确，其次应依照标高，准确堆叠至假山石的高度和各类过水石的平面高度。

4. 水泵的大小和瀑布流量的计算

准确的流量计算应该按照流体力学计算得出。而一般的施工现场和景观设计师没有这方面的专业知识，因此工地以经验为主，即在瀑布宽度和高度一定的前提下，先确定水泵的功率、扬程及流量。

盛水潭到瀑布口有一段水道，要做到宽窄统一。盛水潭、水道、瀑布口尽量在一条直线上，尽量不让水被翻滚、搅动，这样能确保水流成片，均匀。

翻水或溪流则应尽量使水道曲折和高低不平，让水翻滚、搅动，并带有气泡和流水声。

第 9 章　假山的堆叠

9.1　假山堆叠的步骤

9.1.1　拉底

假山施工有“拉底”一说。所谓的“拉底”，就是在假山的基础上叠置最底层的自然假山石的术语，其正如《园冶·掇山》所说:“方堆顽夯而起，渐以皴文而加。”选用“顽夯”的大块山石拉底，具有坚实耐压、永久不坏的作用。同时因为这层山石大部分在地面以下，小部分露出地表，而假山的空间变化则立足于这一层的山石，因此古代叠山匠师们把拉底看作是叠山之本（图 9–1），其要点为:

1. 统筹向背

即根据设计要求，统筹确定假山的主次关系，安排假山的组合单元，再来确定底石的位置和发展体势。

2. 曲折错落

假山底脚的轮廓线要打破“直砌僵硬”状态的概念。

3. 断续相间

假山底石所构成的外观，不是连绵不断的，在选石方面要根据大小石材呈不规则的相间关系安置，为假山中层的“一脉既毕，余脉又起”的自然变化做准备。

4. 紧连互咬

外观上可以有断续变化，但结构上却必须一块紧咬另一块石头，使假山具有整体性。

5. 垫平安稳

垫平安稳是便于继续施工。

图 9–1　拉底（底层为黄石）

9.1.2　假山山体的分层施工

当假山的基础工程结束和基石的定位（即拉底）、垫平安稳后，接着是假山山体的分层堆叠。一般将假山分成基础层、中层和顶层。基石（基础层）以上、顶层以下的中间层是假山造型的主要部分，它占的体量最大，结构复杂多变，并起着接下托上、自然过渡的作用，同时又是引人玩赏的主要部分，所以一石一式对假山的整体造型都起着决定性的作用。

1. 假山的中层叠石

中层叠石在结构上要求平稳连贯、交错压叠、凹凸有致，并适当留空，做到虚实变化，符合假山的整体结构和收顶造型的要求。具体叠砌的要领应做到：

（1）接石压茬

接石压茬，即叠砌的山石，上下衔接必须紧密压实。其除了有意识地大块面闪进以外，应避免下层山石的上面闪露出一些破碎的石面，北方假山匠师们称之为“避茬”，他们认为“闪茬露尾”会流露出人工的痕迹而失去自然气氛，假山会出现皴纹不顺。但有时为了产生虚实变化，也会有意识地留有茬口或隙缝（图 9–2），但在上一层的叠压过程中，必须正确地选择三个以上的支点进行叠压，再用刹片进行刹紧封茬，形成山石的风化肌理。

图 9–2　压茬（常熟燕园假山）

（2）偏侧错安

偏侧错安，即在叠置山石时，力求破除对称形体，避免四方形、长方形、品字形或等腰三角形的出现，讲究运用折、搭、转、换的技巧手法（图 9–3）。所谓的折，是指山形在局部块体上的变化，由一个方位折向另一个方位上去；搭是指假山块体的搭接，在按层状结构的叠置中，必须有搭接处才会有过渡关系；转即假山块体在空间方位上的变化，由一个方向转到另一个方向上去；换则是假山块体由一种肌理层状，换为另一种形式，如水平的层状肌理换为竖向的层状肌理。所以只有偏安得致，才能使假山的山体错综成美。

图 9–3　折搭转换（苏州环秀山庄）

（3）仄立避“闸”

假山石的叠置可立、可卧，也可似蹲状。但仄立的两块山石则不宜像闸门一样，否则很难和一般叠置的山石协调。不过这也并不是绝对的，在自然界就有仄立如闸的山石，如在作为余脉的卧石处理时，可少许运用，但必须处理得很巧妙。

（4）等分平衡

当放置基石即拉底时，平衡问题尚不突出，但当叠砌到中层时，因重心升高，山石之间的平衡问题就表现出来了。《园冶》中所说的“等分平衡法”，就是处理假山平衡的要领。所谓的“等分平衡法”是指在掇山叠石时，应注意假山体量的平衡，以免畸轻畸重，发生倾斜。

崖壁的堆叠和起洞是假山中层的主要形式。在叠置崖壁时，如作悬挑，其挑石应逐步分层挑出，过渡要自然，并能满足正、侧、仰、俯等多视角观赏的要求（图 9–4），上面压石的重量应为挑石重量的一倍以上，以确保稳定，正如《园冶》中云：“如理悬岩，起脚宜小，渐理渐大，及高，使其后坚能悬。”这里的“后坚能悬”就是指作悬崖时因层层向外挑出，重心前移，因此必须要用数倍于前的重量来稳压内侧，把前移的重心拉回假山的重心线上来。

2. 假山洞堆叠

假山洞的叠石技艺最能体现其水平的高低，清代叠山大师戈裕良常论狮子林石洞，说它“皆界以条石，不算名手。”说明古代假山山洞的一般结构都是梁柱式的。《园冶》说：“理洞法，起脚如造屋，立几柱着实，掇玲珑如窗门透亮，及理上，见前理岩法，合凑收顶，加条石替之，斯千古不朽也。”

假山山洞基础：其基础和叠山基础一样，传统的做法也就是采用毛石或木桩基，现代常采用混凝土基础。

假山山洞洞壁和洞柱：假山山洞的洞壁是山洞的支架，它由柱和墙两部分组成，在平面上，柱是点，墙是线，而洞就是面。洞壁就是用自然山石叠砌的墙体，而洞柱就是用自然山石叠砌的立柱，用来支撑洞顶。

图 9–4　悬挑（苏州环秀山庄西北部太湖石假山）

洞柱有单柱、双柱、三柱等几种形式，柱与柱之间的距离以能通过人行为最小距离。洞壁则必须留有一定的采光孔隙或洞窗。

洞顶和洞口：假山洞顶的叠砌就像造房子的盖屋顶，但为了仿照自然山洞，一般以圆弧形的窟窿顶为上。但限于一定的技艺水平，古代不少梁柱式的假山洞采用花岗岩条石（图 9–5）或间有“铁扁担”加固，这种方法即便用石加以装饰，洞顶和洞壁之间还是很难融为一体，缺乏自然之感。

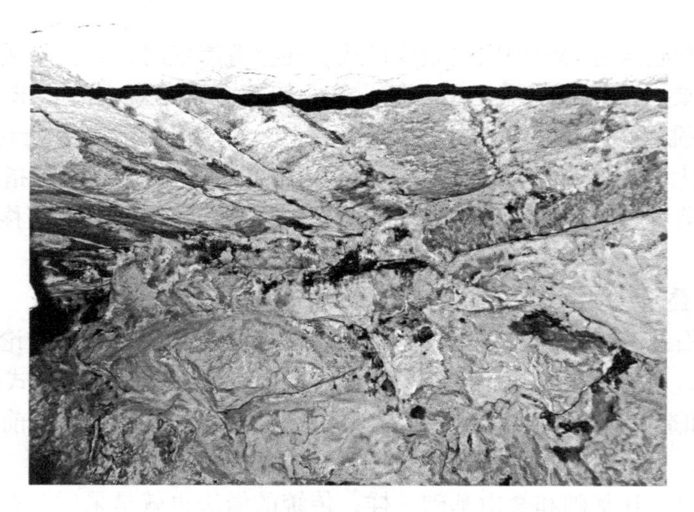

图 9–5　苏州狮子林太湖石假山花岗岩条石梁

另一种则采用“叠涩”的方法，用山石向山洞内侧逐渐挑伸，至洞顶再用自然山石为梁压盖，这种方法也称“挑梁式”（图 9–6），其两端的搭接部分，每端应在 150mm 以上。如苏州惠荫园太湖石假山和常熟燕园燕谷假山（图 9–7），均采用此法。

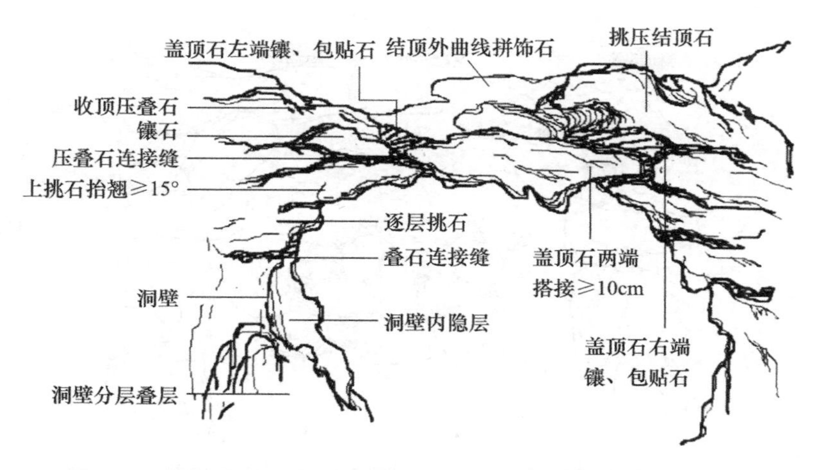

图 9–6　挑梁式假山洞示意图（摘自孙俭争《古建筑假山》）

图 9–7　叠涩（常熟燕园燕谷黄石假山洞）

还有一种就是清代乾隆、嘉庆年间戈裕良创造的券拱式假山洞顶结构（图 9–8），钱泳在《履园丛话》中说："近时有戈裕良者，常州人……尝论狮子林石洞皆界以条石，不算名手，余诘之曰：'不用条石，易于倾颓奈何？'戈曰：'只将大小石钩带联络，如造环桥法，可以千年不坏。要如真山一般，然而方称能事。'余始服其言。"由于这种券拱式结构的承重是逐渐沿券成环拱挤压传递，所以不会出现如梁柱式石梁的压裂、压断的危险，而且能顶壁一气，整体感强（图 9–9）。同时可在其中心部位夹挂悬石，以产生钟乳石垂挂的效果。

假山山洞内部的洞顶切忌平板一块，应有相应的起伏变化。有时为了形成喀斯特地貌的山洞洞顶，常在洞顶夹挂悬石，以产生钟乳石的效果。其做法以南京瞻园南山太湖石假山为例，先在洞壁夹带坚硬的条石，再用同类纹理一致山石进行镶嵌、托补，拼镶成完整的钟乳石造型（图 9–10 ～图 9–13）。

3. 假山的收顶

假山的收顶（也称结顶）是假山最上层轮廓和峰石的布局，由于山顶是显示山势和神韵的主要部分，也是决定整座假山重心和造型的主要部分，所以至关重要，它被认为是整座假山的魂。因此，收顶用的石材要选用"纹""体""面""姿"等最佳的石材。

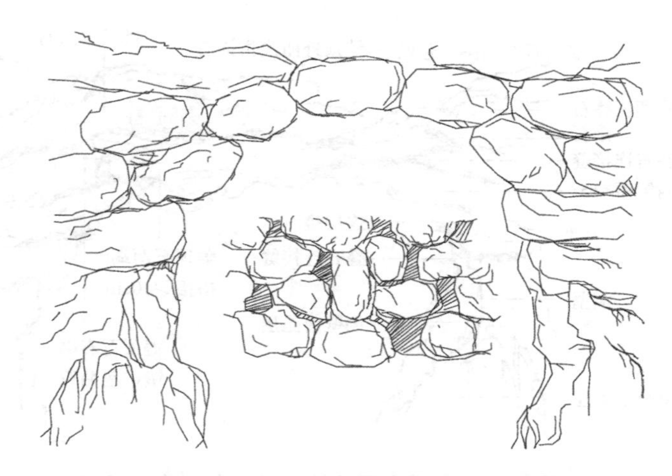

图 9–8　假山山洞壁立面（券拱式结顶示意图）

图 9–9　假山山洞——券拱式结顶（苏州环秀山庄）

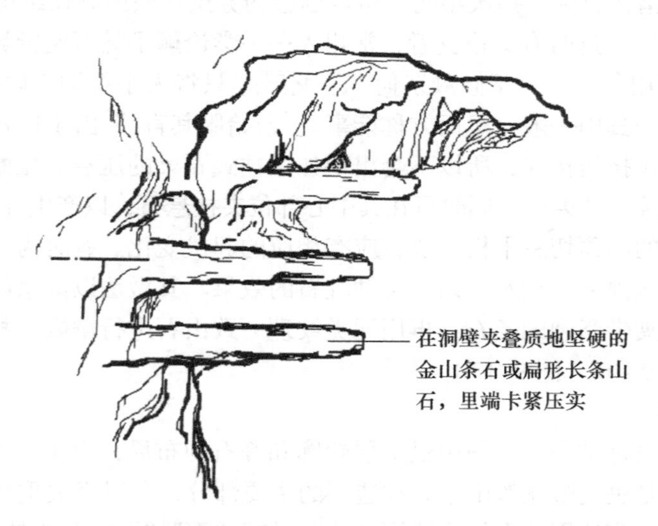

图 9–10　南京瞻园南山太湖石假山钟乳石造型结构示意图

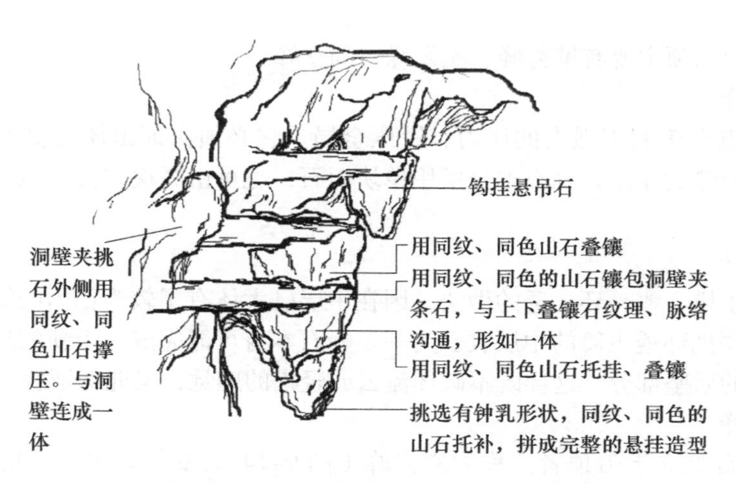

图 9–11　南京瞻园南山太湖石假山钟乳石造型结构示意图

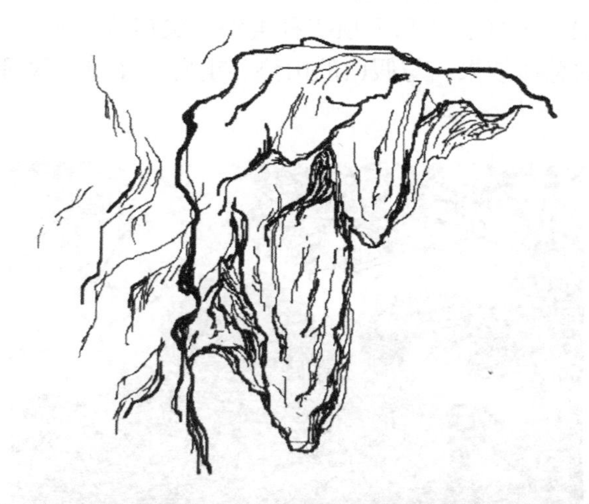

图 9–12　南京瞻园南山太湖石假山钟乳石造型结构示意图

（摘自孙俭争《古建筑假山》）

图 9–13　南京瞻园南山太湖石假山钟乳石造型实例

传统的假山结顶主要有堆秀峰、流云峰、剑立峰。

（1）堆秀峰

其结构特点在于利用强大的压力、镇压全局。它必须保证山体的重力线垂直底面中心，并起均衡山势的作用。峰石本身所用单块山石，也可由高块拼接，但要注意不能因过大而压塌山体。

（2）流云峰

此式偏重于挑、飘、环、透的做法。因在中层已大体有了较为稳固的结构关系，因此在收头时，只要把环透飞舞的中层收合为一。峰石本身可能完成一个新的环透体，也可能作为某一挑石的后坚部分。这样既不破坏流云或轻松的感觉，又能保证叠石的安全。

（3）剑立峰

凡用竖向石纵立于山顶者，称为剑立峰（图9–14）。安放时最主要的是力求重心均衡，剑石要充分落实，并与周围石体靠紧。

现代假山收顶一般分为峰、峦和平顶三种类型，尖曰峰，圆曰峦，山头平坦则曰顶。总之收顶要掌握山体的总体效果，与假山的山势、走向、体量、纹理等相协调，处理要有变化，收头要完整。

图9–14　剑立峰（苏州耦园黄石假山）

9.2　假山的镶石拼补与勾缝

在叠石掇山中，大块面的山石叠置只是完成假山的整体框架，而假山的细部美化和艺术加工，使假山成为一个具有整体性的造型艺术品，则很大程度上是要依靠镶石拼补与勾缝这一重要环节来完成。镶石拼补不但能连接和“沟通”山石之间的纹理脉络，而且还能起到保护垫石的作用。当假山在叠砌过程中，发现某个部位在造型上有缺陷，往往采用在纹理一致、色泽相同、脉络相通的同一种山石进行镶石拼补。如果说假山的大块面整体堆叠，犹如绘画中的“大胆泼墨”，那么假山的镶石拼补，则就像是绘画中所谓的“小心收拾”。所以假山的镶石拼补至关重要。就一般要求而言，假山的镶石拼补首先要符合造型需要，所选的山石，宜大则大，能用一整块山石就用一整块山石，决不用两块山石相拼相补，避免琐碎满补；其次是拼补连接要自然，使镶补的部分与整体能混同一体、宛如一石、浑然天成（图 9–15）。

图 9–15　苏州环秀山庄假山拼补勾缝实例

9.2.1　假山的镶石拼补

假山的镶石拼补的手法。一般有支撑法、卡夹法等。

1. 支撑法

所谓支撑法，就是对要拼、悬、垂、挂的山石，用粗细不同、长度适中、具有一定支撑力的棍棒进行支撑镶补，避免因重力作用而松动、脱壳，影响胶结。其要点一是要选择正确的支点；二是要撑紧、撑牢，决不能有松动（图 9–16）。

图 9–16　支撑法

2. 卡夹法

对于因假山镶补部位较高，支撑难以做到或镶补的石块相对较小时，则可采用卡夹法来固定。所谓的卡夹法就是用一定粗度的钢筋，做成像弹簧夹子一样的东西，用来固定要镶补的石块。

此外，还有捆扎法（图 9–17）等。对于以上两种方法，镶补的石块先要抹水泥砂浆，镶石用的砂浆要有一定的黏度，一般用过筛的中细砂，水泥与砂浆的配比不低于 1 : 3。只有当其胶结硬化、连固之后，才能撤除支撑或卡夹物。

图 9–17 捆扎法

9.2.2 假山的勾缝

在假山的镶石拼补工序完成后，接着进行勾缝工序，这是最理想的做法。因为这样可以避免在进入勾缝工序时对镶石拼补时留有的干结了的砂浆进行繁琐的刮凿。勾缝，在江南一带被称作“嵌缝”，而北方则常叫作“抹缝”，这是假山工程中的一道修饰工序。其作用是对堆叠的山石之间和因镶石拼补后留有的拼接石缝进行补强和美化，使它们连成一体，成为一个有机整体（图 9–18）。

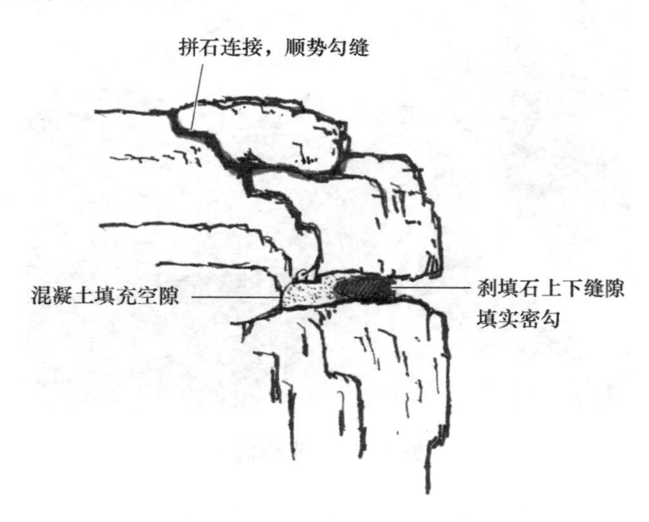

图 9–18 勾缝（摹自孙俭争《古建筑假山》）

假山勾缝的程序，一般从假山的底部开始，由下而上，先里后外，先暗后明，先横后竖，逐渐展开。如果上下两块叠砌的山石的缝隙过大，出现中空现象，那么要用混凝土进行充填，再用镶石勾缝。从前考究的是明清假山，常用糯米汁掺适当的石灰，捣制成浆作为胶结材料；还有一种就是用明矾汁拌石灰，它们干结后的硬度都很高，即使是一锤砸下，也只能砸出一个小坑，不会破碎。此外，尚有桐油石灰（或加纸筋）和石灰纸筋等做法，但干结凝固较慢。在太湖石假山勾缝时，再加青煤，使石灰的白色近似于太湖石的颜色；如果是黄石假山，则勾缝后再用铁屑盐卤粉刷所嵌之缝，使其和黄石色泽相混同。现代假山勾缝所用的材料则是水泥砂浆，水泥和过筛的细黄沙配比标准，一般为 1∶3。太湖石假山因水泥砂浆和自然的太湖石色泽基本接近，所以一般不再掺色。如果是黄石假山则必须加入土黄色粉，以求近似黄石的色泽，现常用铁红和中黄两种氧化亚铁颜料，按不同需要配比。

勾缝所用的工具为“柳叶抹”，这是一种稍具弹性、狭长微弯的铁钢片（图 9–19）。勾缝的手势操作有横勾、竖勾、倒勾等方法，勾缝时，应用力压紧。太湖石假山的勾缝，应沿着拼石的轮廓曲线的走向，线条要柔软自然，避免僵直，接缝要细腻，与山石要混为一体。黄石假山的勾缝，要与黄石的层积岩肌理纹路相一致，有时要显出石缝，将勾抹材料隐于缝内，即形成“暗缝”，形成较大的肌理裂缝，有天然风化之趣；尤其是在处理崖壁等造型时，勾缝应多留些横缝、竖缝以及凹缝。在勾缝 2 ～ 3h 后，水泥砂浆尚未凝固时，再用刷子蘸水刷缝。总之，假山的勾缝要求饱满密实，收头要完整，适当留出山石缝隙。

图 9–19　柳叶抹（勾缝条）

9.3　假山的植物配置与养护管理

假山工程以土石工程为主，绿化栽植工程为辅。奇石配奇木，山青树绿，藤蔓缠绕，更具野趣。施工中，应根据设计图纸留出能保证植物健康生长和发育的条件，以达到石树共存，相得益彰的目的。

9.3.1　留树池

1. 叠山时，预留一定面积的空地或树穴；

2. 树池四周和底部宜用灰土夯实，以控制植物根系生长范围；

3. 在树池四周和底部留适当的排水孔或疏松土壤。

9.3.2　悬崖式种植

1. 留树穴：在峭壁适当处留出穴洞，树木带土球栽入，尺寸不宜过大；

2. 磐石种植：在土山带石的假山上，石与树同时施工，将树种植在山石岩的空隙中，日久树从石隙中生出，显得盘曲古雅（图 9–20）；

3. 垂悬种植：对蔓生藤木，可在山巅开穴，枝蔓顺岩垂下生长，别具野趣。

图 9–20　苏州环秀山庄太湖石假山崖壁上的黑松

9.4　中型假山的堆叠实例

9.4.1　相地布局

《园冶》云：“相地合宜，构园得体”。假山的堆叠和造园一样，应根据甲方确定的内容、造价等要求，查看地形，随势布局，划定假山的规模范围，并对假山进行初步设计，然后根据甲方意见进行修改，可谓“三分匠，七分主人”（《园冶》中所说的主人并非园主，而是指主持造园的人）。只有在征得甲方的同意后，方可施工，以绝后患。L 地为一处三角形地块，面积约 400m^2，东、北处均为道路（其中东面为共享区主干道，而北面则为单位办公大楼前的内部道路），西北一面则为临水河岸，略呈弧线形，为主要观赏面。由于 L 地为一处空旷平地，河岸的驳岸与地表约有 60cm 的高差（图 9–21）。所以在布局造型上，仿明代假山，临水设置绝壁、汀步；而东、北两侧则以土坡山林护之（既省石料、降低造价，又具山林之趣）；中叠岩洞，上筑山亭，环以蹬道，与假山两端相连的河岸用芦苇等水生植物进行衬托过渡。在临水主立面上，仿网师园云冈假山，设计 A、B、C 三组假山向西略呈奔趋之势（图 9–22）。

图 9–21 工地

图 9–22 设计立面图

9.4.2 挖土筑基

根据假山的平面设计用木桩和石灰进行定点放样，然后开挖地基。地基的深度以生土（黏土层）为准，再用花岗岩毛石打底，并用混凝土作平。考虑到假山的体量高而大，单位荷载大，所以在底部的垫层用 $\phi10$ 钢筋扎成 20cm 见方的钢筋网。再用毛石筑砌至与地表相平，用混凝土抹满铺平（图 9–21），待养护一周后，方可开始堆叠假山。

9.4.3 洞壁叠砌

此假山洞壁的临水一侧，挑于驳岸之上，所以也是整座假山的临水绝壁，因此其造型意趣要显示山体的挺拔直立。置于假山基础之上的山石，以竖石为主，驳岸则采用具有一定厚度的横石（驳岸不承载假山重量，图 9–23），但总的造型以竖向层状结构为主。平面置石应注意前后避让，交错搭接咬合。当堆叠到一定高度时（一般在 150mm 左右），便考虑设置必要的通风、采光用的洞穴或孔隙。当洞壁高度在 2m 以上时，可采用发圈施工或在 2.5m 左右直接用条石结顶（图 9–24），再对洞顶用山石作平灌浆，以建山亭。

图 9–23 中部堆叠

图 9–24 假山洞处理

9.4.4 叠峰起峦

按假山造型要求，该假山在山亭的东侧，叠以险峻山峰。而在假山的北面，则以堆土为主。为了体现假山山体的峰峦起伏，做到“山贵有脉”，选择造型较好的整块山石，作“露岩”造型（图9-25），并与登山至亭的蹬道结合。

图9-25 “露岩”造型

9.4.5 构筑山亭

按设计要求，在山巅砌筑山亭基础（图9-26），再安装亭子，并在亭子四周用山石进行勾连，使亭子与整座假山融为一体（图9-27）。

图9-26 砌筑山亭基础

图9-27 安装山亭

9.4.6 镶石拼补、勾缝修饰

大中型假山的堆叠因体量较大，常常在一组山石的叠置完成后，利用原有的脚手架镶石勾缝，以提高假山堆叠的速度和效率（图 9–28）。在整座假山的基本框架叠置完成后，对造型不到位或造型不理想的地方，重点进行拼补造型，“顺应山体，摹如自然”，以求完美。由于目前所用的太湖石均为山上开采的“旱石”，其色泽常与“露岩”不一致，所以需用钢丝刷子刷石，以求统一石色，给人以整体感。

图 9–28　镶石勾缝

9.4.7　道路贯通与筑砌铺平

当假山的洞壁施工时，洞内蹬道的踏步石阶已叠砌完成，此时应将洞内蹬道与洞外蹬道及道路贯通。该假山的道路采用碎石铺路，显得自然贴切、古朴有致（图 9–29）。

图 9–29　碎石铺路

9.4.8　堆土绿化

在整座假山的框架基本完成后，可根据设计要求进行堆土造型，形成起伏的山林地形，再植树（图 9–30）。假山的叠置也常根据造型要求，留有一定的种植穴。在山脉的露岩石隙中，可种植书带草（沿阶草）、南天竺等植物，体现假山的山林趣味。在土坡上主要以黑松、朴树、榉树、枫香等为主，杂植一些诸如桂花、羽毛枫、牡丹、海棠等开花树种及色叶树种，以丰富山林的季相。

图 9–30 整体效果

9.5 立峰、拼峰与剑峰施工

9.5.1 立峰

我们经常会在园林中看到由单块山石竖向布置成的独立峰石景观，这就是常说的置石中特置山石的一种常见形式。单块特置的峰石正是如北魏郦道元在《水经注》中对承德避暑山庄东侧“磬锤峰”描写的那样：“挺在层峦之上，孤石云峰，临崖危峻，可高百余仞。”它是以自然界中孤峙无倚的山石作蓝本，如大家熟知的安徽黄山飞来峰，采用特置的形式，以“一峰则太华千寻”的浓缩洗练手法，显现峰石独特的个体美，好比是单字书法或特写镜头，突出其自身的完整性和自然美。

峰石的特置在我国的园林发展史上是运用得比较早的一种山体意匠表现形式，古代的园主们也常以奇峰异石而争相夸耀，宋徽宗赵佶甚至还给峰石加封爵位，赐以“神运”“昭功”“敷庆”“万寿”等峰名，“独‘神运峰’广百围，高六仞，锡爵‘盘固侯’。”（祖秀《华阳宫记》）现在苏州的瑞云峰、冠云峰就是这一时期（北宋花石纲）的遗物；峰石同时也是园主确证自我、张扬个性，展示其精神世界与审美情趣的集中体现，诸如米芾拜石、寒碧庄（留园前身）主人刘恕自号“一十二峰啸客”等。正是这些体量极大、姿态多变的峰石具有独特的观赏性，若将它们与一般山石相混用，无异于投琼于甓，埋没它们的价值。因此它们常被特别置于重要的观赏位置，作为观赏主景应用，如苏州留园的冠云峰、上海豫园的玉玲珑等。

传统的特置峰石常被安置在整形的基座上或整块的自然山石基座上，这种自然的山石基座被称为“磐”。它对工程结构方面的要求是稳定和耐久，而稳定、耐久的关键则是要掌握峰石的重心线的位置，使其重心垂直向下而不偏离重心线，使峰石保持平衡。

我国传统的做法是在峰石的基座上凿“笋眼”（即榫眼），将峰石的底部置于笋眼之中（图9-31），《园冶》云：“峰石一块者，相形何状，选合峰纹石，令匠凿笋眼为座，理宜上大下小，立之可观。”意思是说对于单块特置的峰石，先要仔细查看它是什么形状，再选择与峰石的纹理、色泽等相类似的山石，让工匠将它凿成带笋眼的基座，然后将峰石按上大下小的形体进行安装，并使其竖立起来，这样才会好看。

图9-31　苏州园林中的“磐”

对峰石的底部也可略作加工，形成石笋头，笋眼的大小和深度应根据峰石的体量和底部石笋头的形状而定，一般笋眼直径和深度应比峰石下部的石笋头略大、略深。吊装前先在笋眼中浇灌少量的粘合材料，吊装时应将峰石悬空垂直，仔细审视它的重心线，并随时矫正，然后徐徐落下，投入基座笋眼之中，空隙处可用小石片刹实，再灌浆稳固（图9-32）。

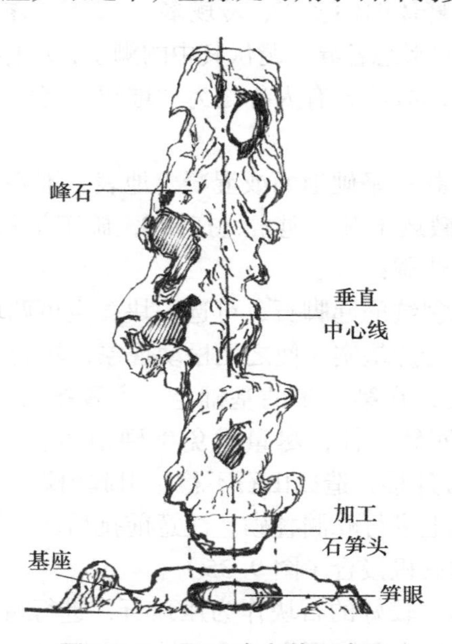

图9-32　冠云峰安装示意图

至于现代立峰，由于胶结粘合材料强度增大和工艺水平的提高，其做法相对简单，一般基座上不再凿以笋眼，而直接在基座上进行安置，方法和传统立峰相同。要点也是重心线需垂直向下，用刹片垫实、固定，再用水泥砂浆进行勾缝，连成整体。峰石的材料也从以前单一的太湖峰石扩大到黄石等石种，进行立峰特置，这在现代绿化景观中常有应用。

9.5.2　拼峰

1. 拼峰

除了单块特置的峰石外，好的峰石难以寻觅，或囿于经济等条件，也有用二、三块或数块形态、纹理、色泽、皴皱等近似的造型山石拼叠而形成石峰的做法，这种布石形式称之为拼峰，这是一种较为复杂的置石形式。《园冶》云："或峰石两块、三块拼叠，亦宜上大下小，似有飞舞势。或数块掇成，亦如前式，须得两、三大石封顶。须知平衡法，理之无失。稍有欹侧，久之逾欹，其峰必颓，理当慎之。"因此在堆叠拼峰时，要按等分平衡法的原理，先确定重心，再由下向上层层堆叠，既要注意将压力集中于一点，使重量能左右平衡，又要讲究造型，与独块峰石一样，保持上大下小，并且要使左右有飞舞之势，苏州古典园林中比较著名的如狮子林的"九狮峰"（图 9–33）、"三元及第峰"等，九狮峰是一组由太湖石拼叠而成的大型石峰，峰体俯仰多变、玲珑多孔，介于似与不似之间的 9 只形态各异、蹲伏其中的狮子，堪称金华帮假山的"扛鼎之作"，这种用太湖石模拟动物造型的叠峰，有人称之为"堆塑"，犹如一种用太湖石抽象雕塑。

图 9–33　狮子林九狮峰

2. 拼峰技能训练

根据拼峰的设计图纸，找一坚硬地面或混凝土地表，堆叠小型拼峰。并准备工具，如吊装工具（葫芦三脚架），搬运工具（绳索、扛棒），施工工具（铁榔头、撬棍），支撑工具（木棍）等。以下为具体步骤：

第一步：挑选坚硬而无裂纹的起脚石，可选一块，也可两块或三块石块拼合，但不宜过多，体积应小于峰体。用揰片垫实，使之无松动现象，然后峰体堆叠。

第二步：为使峰体险要，在第一步的基础上，安置挑石。要特别注意将坚硬的挑石和起脚石有机的接合，要浑然一体，尽量避免生硬衔接。并充分考虑其上的峰洞处理（图 9–34）。尤其要防止重心外移，造成山石不稳，引起坍塌，造成人员伤害。

第三步：在挑石的基础上进行峰洞叠砌。注意前挑后压，保持重心稳定。并充分考虑峰洞洞顶叠石与峰头收顶的有机接合（图 9–35）。

第四步：收顶。选择形态较好的石块作为压顶石，进行拼峰的收头（图 9–36）。一是要注意将整座拼峰的重心维持在起脚石之内，二是要使整座拼峰美观。

图 9-34　起脚挑石

图 9-35　峰洞叠砌

图 9-36　拼峰收头

第五步：镶拼勾缝。前四步堆叠峰石，如绘画中的“大胆泼墨”，镶拼则是对整座拼峰的“小心收拾”（图 9-37），使整座拼峰更加完美。勾缝不但能使整座拼峰融为一体，而且能使整座拼峰更加牢固。

图 9-37　镶拼勾缝

9.5.3　剑峰

江南园林除了太湖石峰外，还经常会看到用石笋石、斧劈石等剑立来点缀或组合成假山小景的作品，其布置形式或一峰单置剑立（图 9-38），或二三组合成景。

其要领一是要选择形体笔直似剑的石材；二是在组合上应讲究主次分明、疏密恰当、聚而不靠、分而不孤、错落有致，如扬州个园四季假山中配置的春山石笋石。

图 9-38　剑峰（苏州留园干霄峰）

第 10 章　现代塑石和塑山工艺

10.1　塑石工艺

目前塑石有砖骨架塑石、钢筋钢网钢骨架塑石和翻模的 GRC 塑石。它们都是用普通的建筑材料，运用灰塑或雕塑手法，模仿自然界的山石块面纹理和色彩，达到以假乱真的效果。当然目前的塑木工艺也在塑石的范畴。

10.1.1　砖骨架塑石及其工艺

以普通的红砖或者块状的建筑垃圾用砂浆砌出造型后，用 1 ：2 普通砂浆批挡打底，后用 1 : 1 的砂浆批出表层造型和纹理，最后上色做旧。

10.1.2　钢筋钢网钢骨架塑石及其工艺

此类塑石较砖骨架塑石复杂，将钢骨架焊在基础预埋件上，骨架完成后再在骨架上发展出需要的造型。用 ϕ6.5 的钢筋按 200mm×200mm 的间距焊出造型，在 200mm×200mm 钢筋网上绑扎钢丝网，后批挡 2 ～ 3 层砂浆完成表层造型，最后上色做旧。为了牢固，在塑石里面也要粉刷一层水泥砂浆，不要让钢筋裸露在空气中。

10.1.3　GRC 塑石及其工艺

GRC 是以耐碱玻璃纤维作增强材料，硫铝酸盐低碱度水泥为胶结材料构成基材，通过喷射、立模浇注、挤出、流浆等生产工艺而制成的轻质、高强高韧、多功能的新型无机复合材料。制作成的塑石，简称 GRC 塑石。

我们现在理解的 GRC 塑石一般是指通过模具浇注成山石皮，再用拼接的方法制作而成的塑石。

1. GRC 翻模塑石工艺（图 10–1）

（1）软模硬模制作

软模制作：找到合适的石头块面（阴角阳角带褶皱或带裂纹等），清理表面，涂脱模剂（图 10–2）。刷第一层硅胶（注意硅胶的流淌，薄的部位需要不停地补刷硅胶）。在半干时覆盖医用纱布，使其与硅胶贴合（纱布的作用是抗拉）。以上步骤重复一到二次。

硬模制作：软模硬化在表面涂脱模剂。用不饱和树脂加轻粉石粉，并调到黏稠状态，涂于硅胶表面。后覆盖玻璃纤维布并贴合压紧。表层干后再重复以上步骤一到二次，待干透揭出硬模和软模。

（2）石皮制作

把软模硬模叠加，软模朝上涂脱模剂。水泥、黄砂、水、添加剂（短纤维、早强剂、增光剂等按需添加）。搅拌均匀涂于软模上。在软模上涂满砂浆后将玻璃纤维网格布盖上，并放置 4 ～ 6 个预埋铁，将小块的玻璃纤维网格布覆盖在预埋铁上（保证预埋铁的牢固），

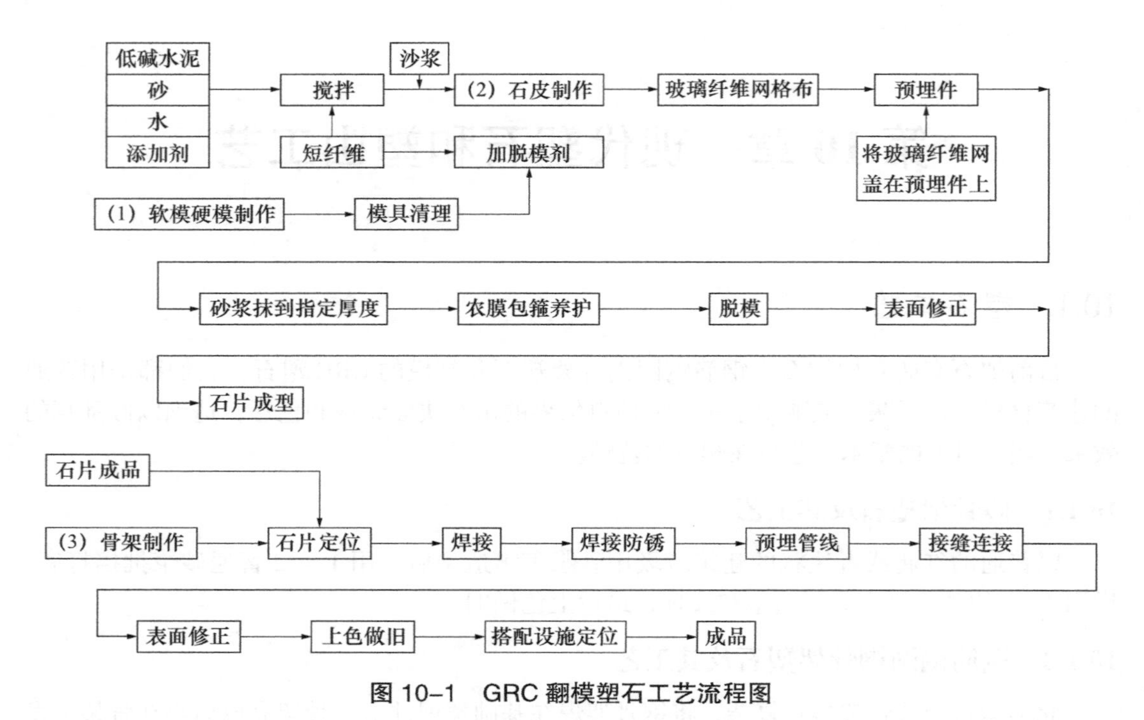

图 10–1　GRC 翻模塑石工艺流程图

图 10–2　软模制作（袁佳旻摄）

再涂抹砂浆至需要的厚度，此时制作石皮工序完成。用大块农膜将硬模软模和涂好的石皮包裹好（高温高湿养护），1 ～ 2 天后拆开脱模，石皮成品完成后，继续用农膜包裹到养护期结束。

（3）骨架制作

先基础浇筑，大型山做板状基础，小型山做条状基础（图 10–2）。

钢骨架制作：塑石体量较小的一般采用钢骨架，它为柔性骨架，立柱一般采用槽钢或者工字钢，连接用五号角钢，加固和造型用四号角钢（图 10–3）。骨架和石片的间隔距离为 50cm，所以骨架比完成后的塑石瘦 50cm/ 圈。

石片定位安装：骨架完成后是挂石片和焊接固定，这两个步骤为同一道工序，即将纹理相同相通的石片按造型定位和焊接，用 ϕ14 的螺纹钢将石片焊接在四号角钢和石片的预埋件上，再做防锈处理。石片和石片之间空出 10 ～ 20cm 的间距，石片拼接的造型和纹理要符合大自然的规律，做到纹理通顺，造型符合设计要求（图 10-4）。

接缝连接：从石片预埋铁开始用 ϕ6.5 圆钢焊接石片之间的接缝，使其成为间隔 100mm×100mm 的钢筋网，然后绑扎钢丝网，抹砂浆 2 ～ 3 遍。表面（最后一遍抹灰）做仿石面处理（扫、洒、戳等），在塑石内部抹灰保护钢筋。最后上色做旧（图 10-5），塑造基本完成。

图 10-3　钢骨架制作（袁佳旻摄）

图 10-4　石片定位安装（袁佳旻摄）

图 10-5　上色做旧后的 GRC 塑石假山（袁佳旻摄）

2. 传统塑石工艺（图 10-6）

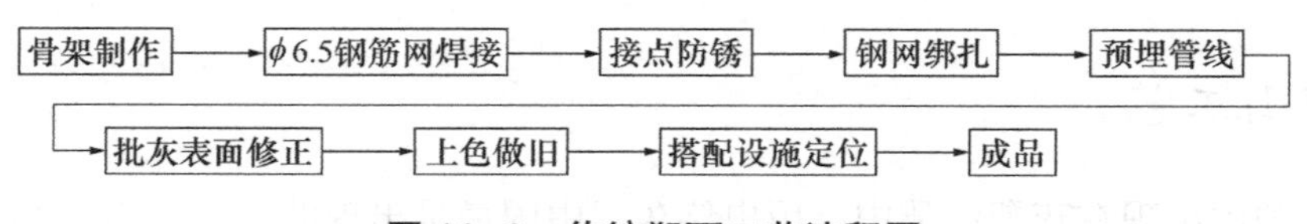

图 10-6　传统塑石工艺流程图

骨架制作：槽钢为立柱，用角钢联系，ϕ6.5 钢筋焊接为 200mm×200mm 钢筋网。铁件做防锈处理，绑扎 4 ～ 6 目（即 4 ～ 6 个网眼 /cm^2）钢丝网（图 10-7）。

抹灰做表层：正常抹灰工序为外面三道，内部一道。第一道抹灰是打底，第二道抹灰做出造型，第三道抹灰加工出纹理和石头的质感。内部的抹灰是为了保护内部裸露的钢筋钢丝网（图 10–8）。

上色、安装配套设施：上色一般用胶水加氧化颜料，但这种材料在时间和光合作用下褪色严重。现一般采用丙烯颜料，着色牢固、不褪色。具体工序：一是打底，形成塑石的基调，进行大块面上色（阳面、阴面雨水流淌的流水面）；二是细部上色，即模仿自然山石的每个细部色泽；三是做旧处理；四是安装水电、照明和瀑布的水泵，水下灯等（图 10–9）。

图 10–7　骨架制作（袁佳旻摄）

图 10–8　抹灰做表层（袁佳旻摄）

图 10–9　上色、安装配套设施后的效果（袁佳旻摄）

10.2　塑山工艺

最早的塑山出现在灰塑浮雕中，历史悠久。中国最早出现的塑山是 20 世纪 50 年代北京动物园的狮虎山，造型逼真、气势宏伟。塑山真正普及是在改革开放后的 20 世纪 80 年代，由于材料普及和施工简便，对场地的要求简单，当时广东、福建等沿海省份在城市改造和大型公共设施中大量应用塑山。

塑石是塑山的前提，塑石为单块或几块组合的仿真石产品，而塑山是塑石的组合体，就像假山是由假山石组合而成。

塑山有真石头假山无法比拟的优势，即自重轻、材料大众、施工灵活、造型可控、造价便宜。由此做出的假山气势磅礴、造型逼真，甚至可以一比一模仿真山。

塑山是目前和将来园林景观工程中不可或缺的一项内容。

塑山的不足之处从理论上说虽然水泥砂浆与各种添加剂可以增加强度和寿命，但它还是有寿命的。骨架和连接件是钢材，也会被氧化，所以塑山不能传代，与自然界的真山在寿命上没有可比性！

塑山在景观和园林中可以应用的地方非常多。几乎可以完美代替真石假山，如主山、山洞、壁山、云梯、花坛、驳岸等。

1. 基础

由于塑山自重轻，所以塑山只要做桩基和地梁就可以了。基础根据需要可以多放置预埋件。大型塑山要用平板基础，还应考虑塑山完成后内部的排水。

2. 骨架

塑山的骨架可分刚性和柔性两种。刚性骨架是指混凝土梁柱骨架。一般大型塑山要用到刚性骨架，它由混凝土梁柱结构组成（图 10–10）。在设计梁柱时，要给塑山表层和混凝土梁柱留出足够的施工空间。柔性骨架是指钢骨架，是由各种类型钢焊接而成。一般常用于小型塑山的制作（图 10–11），钢骨架塑山必须考虑内部排水的问题（图 10–12）。

图 10–10　混凝土梁柱骨架（袁佳旻摄）

图 10–11　钢骨架结构（袁佳旻摄）

3. 表层工艺

任何形式的塑石塑山表层都应该符合设计要求，符合真石或真山的表层纹理走向和表皮褶皱规律，符合自然界山体和山石的风化规律，这是表层施工的基本要求。

4. 上色工艺

当塑石表层的砂浆工程完工，砂浆强度养护到80%，干透后即开始上色。

（1）材料：白色丙烯外墙涂料、丙烯颜料、色浆、乳化剂、乳胶、防水剂等。

（2）工具：容器、搅拌设备、空压泵、压力喷壶、弹涂设备、毛刷。

（3）工艺流程：

① 清洗表层并填补毛细裂缝；

② 用色浆、乳化剂、乳胶调和，打出不同于基调的色块（淡色的大块面，深色的沟沟坎坎等）；

③ 瀑布水口做防水（防水剂加色浆、乳化剂、乳胶）；

④ 上底色。用料为白色丙烯外墙涂料，丙烯颜料的色浆加水调稀，分批分次喷涂塑石表层。技术要求：均匀、点状，深底色占单位面积的4/5，淡底色占单位面积的1/5；

⑤ 用丙烯颜料的土黄色、土红色、熟褐色、黑色、墨绿色等分批分次上满塑石表面，至此上色基本完成；

⑥ 做旧。用丙烯颜料模仿自然山体的颜色色差。在山体上涂抹颜料并用清水稀释。模仿流水痕迹、青苔颜色、阴暗面等（图10-12）。

图10-12　钢骨架结构塑造的假山瀑布（袁佳旻摄）

第3篇

安全生产知识

第 11 章　假山施工质量和施工安全知识

11.1　假山施工质量和安全知识

11.1.1　假山施工质量和安全知识

假山质量事故主要表现为：假山表面开裂（重心不准、假山石开裂断裂或压碎、基础受剪开裂、基础不均匀下沉）；造型与设计图或甲方意图严重不符；在堆叠假山过程中发生安全事故等。

质量事故要从源头抓起。预防质量事故和安全事故，以下是要在各道工序中注意的事项。

1. 选石

首先是假山石的形态、大小、颜色（包括内部石质颜色）要符合设计要求。其次是假山石的硬度要达标，在悬挑和洞顶选石时必须检查石块的质地和纹理，有开裂的假山石绝对不能选用；假山石外部有龟裂内部有裂纹的尽量不要选用。再次是上山选石注意山道安全，场地选石注意脚下所踩石头的稳定性，尽量踩在大块面的假山石上面。

2. 运输及短驳

假山石产在山中，一般开采都是把路修到山里出产假山石的地方，道路不好的地方用农用车短驳。首先不要超载，其次是场地验货的时候严控质量，有破损的假山石用作他途，可以当垫肚石或垫刹石。场地内部短驳时，尽量用机械运输。

3. 基础

开挖假山基础时必须要按图施工。在没有施工图纸的情况下挖到原土后再施工。遇见复杂地形可以打桩，可以铺沙，但必须通过设计师验算，因为基础是一座假山成功的关键。

4. 下层堆叠

下层的假山石要承受整座假山的重量，所以必须要挑选块大、笨重、无造型、风化小的假山石，此层假山石对整座假山的安全影响最大。在假山石之间的空隙处用毛石填满并灌满混凝土。

5. 中层堆叠

中层堆叠为承上启下的作用，既要造型更要牢度。在摆放假山石时尽量错缝压在底层石头上。行话叫“一抓二或一抓三”。在不影响造型的前提下，石和石之间尽量挤紧并灌浆。石头顶面灌浆后用小石头找平以便于下一步施工。

6. 收顶

假山总高度的 2/3 处定义为结顶部分。做这部分假山的时候也是整座假山施工最危险的时候，假山中层悬挑的、打撑的、脚手架等都会影响施工，也会影响指挥人员、吊车驾驶员的视线。使用相石时预留的结顶石头，吊装和放置一步到位。底层中层和吊车大臂走过的地方都要清场。

11.1.2　掇山工序中的安全知识

1. 绑绳

首先处理绳头。无论是棕绳、麻绳还是各种编织绳，在刚买来时都是没有被处理过的。用 16 号钢丝或用细的尼龙绳将绳头结紧，如果是化纤材质的还要用火烫过。一条光洁不带毛刺的绳子才是合格好用，符合要求的。

绑绳是一道工序。绳子和石头的结合叫扣，绳子和绳子缠绕叫结。在这里针对假山石而言，是把假山石绑紧，在吊起假山石的时候符合指挥人员对造型的要求。一个合格的绑绳工人打出的扣重心不偏移、垂直、平衡、牢固。

先讲人工抬石和安装的打结方法：安装工具为三脚架、人字架加冷风索和满堂脚手。起重工具为神仙葫芦或者叫手拉倒链。绑扎三脚架或人字架用到双套结或者叫雌雄结、“蚊子”结和 8 字结。

绑绳也可以叫打结。各行各业都有各自专业的打结方法，假山施工和吊装运输的打结比较接近。长方体的假山石捆绑用双边扣，圆柱体形状的假山石用油瓶扣。人工抬的时候用到的是穿杠结，挂到葫芦钩子上的也是穿杠结。四个人抬一块假山石的时候打的是棺材扣，六人或更多的人抬一块大假山石就要穿龙骨，保证均匀受力。

机械施工时用钢丝绳打扣。最常用的是单环扣。单环扣的好处是打结容易，重心好把控。锁扣所在位置就是石头的重心位置。两条钢丝绳吊水平状大型假山石时用两个单环扣各挂假山石的一头，吊圆柱状大型假山石用双耳扣，也就是用两个单环扣扣住假山石的两边，锁扣位置在假山石的两侧中部以上 1/3 高度处。

绑绳工人上岗前必须经过培训，绑绳牢固与否关系到场地上所有相关人员的生命安全。

2. 吊装

堆叠假山时的水平运输和垂直运输，都离不开吊装。在半机械堆叠中主要是三脚架和葫芦。葫芦的起重量和现场假山石的大小很容易估算。堆叠 3m 高的假山，三脚架最少要 6m 甚至更高。因为三脚架的斜率和挂葫芦的长度会降低起吊距离，假山的顶冠面积不得大于同等高度三脚架张开的截面积。用葫芦施工最容易出现的安全隐患是达到一定高度后，由于起吊点和假山石的摆放点有偏差，所以在起吊过程中要不断地拉紧假山石。有的拉绳绕在固定物体上，有的就靠人工硬拉，这种情况极有可能出现绳子崩断或拉力过大将石头和架子一起拉倒。

机械施工在吊装过程中有可能出现的问题是：吊车四腿支撑不均有倾覆的可能；超重起吊有倾覆的可能；钢丝绳绑扎不到位半道掉落；钢丝绳磨损或小绳吊大石发生断裂。一般钢丝绳的直径和承重是：16 ～ 20mm、5 ～ 10t；12 ～ 16mm、2 ～ 5t；8 ～ 12mm、0.5 ～ 2t。

指挥吊车时的手势：

（1）伸臂

双手大拇指分别向外侧指向两边，双臂向两边大幅摆动，此动作表示示意吊车的大臂往外伸展（图 11-1）。

图 11-1　伸臂

（2）收臂

双手大拇指指向内侧，双臂向内侧大幅摆动，此动作为指挥吊车的大臂向内收缩（图 11-2）。

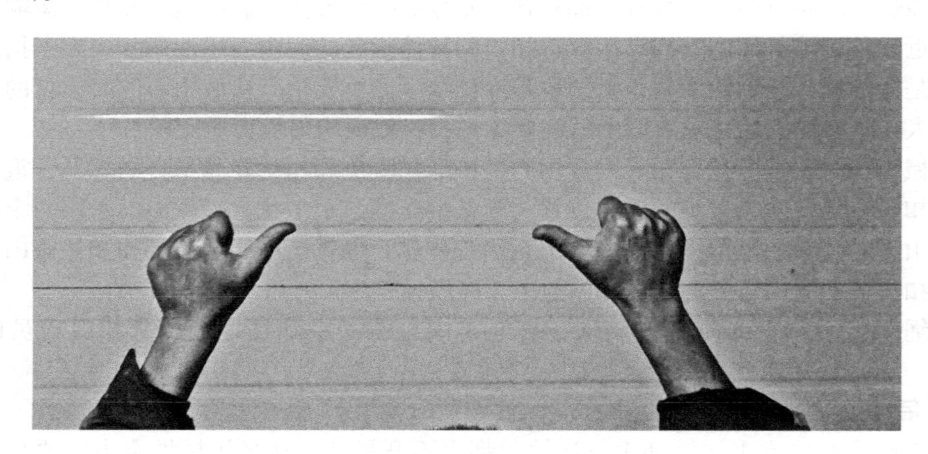

图 11-2　收臂

（3）起大臂（起臂）

单手握拳大拇指朝上并摇晃大拇指，让吊车司机能更清晰地看见指挥动作。此动作是指挥吊车的大臂往上抬起，作用是让吊起的物件往吊车方向（向内）移动（图 11-3）。

（4）下大臂（趴臂）

单手握拳大拇指朝下并摇晃大拇指，让吊车司机能更清晰地看见指挥动作。此动作是指挥吊车的大臂向下降落，作用是让吊起的物件往吊车外侧方向（向外）移动（图 11-4）。

（5）向左转（左转）

手掌放开伸直，面对吊车，指向左侧。该动作的作用是让吊起的物件向左移动（图 11-5）。

（6）向右转（右转）

手掌放开伸直，面对吊车，指向右侧。该动作的作用是让吊起的物件向右移动（图 11-6）。

图 11-3　起大臂（起臂）

图 11-4　下大臂（趴臂）

图 11-5　向左转（左转）

图 11-6　向右转（右转）

（7）起钩（起绳）

单手握拳伸出食指朝上并左右摇晃。该动作的作用是让吊起的物件向上移动（图 11-7）。

（8）下钩（下绳）

单手握拳伸出食指朝下并左右摇晃。该动作的作用是让吊起的物件向下移动（图 11-8）。

图 11-7　起钩（起绳）

图 11-8　下钩（下绳）

（9）起绳趴臂

单手握拳伸出食指和拇指，食指朝上拇指朝下。该动作的作用是让吊起的物件向前（向外）水平移动（图 11-9）。

（10）下绳起臂

单手握拳伸出食指和拇指，食指朝下拇指朝上。该动作的作用是让吊起的物件向后（向内）水平移动（图 11-10）。

图 11-9　起绳趴臂

图 11-10　下绳起臂

（11）小钩下

现在的吊车都有大小钩。单手握拳伸出小拇指朝下并左右摇晃。该动作的作用是让小钩吊起的物件向下移动（图 11–11）。

（12）小钩上

单手握拳伸出小拇指朝上并左右摇晃。该动作的作用是让小钩吊起的物件向上移动（图 11–12）。

图 11–11　小钩下

图 11–12　小钩上

（13）紧急停止

单手握拳，高高举起，表示吊车的一切动作紧急停止（图 11–13）。

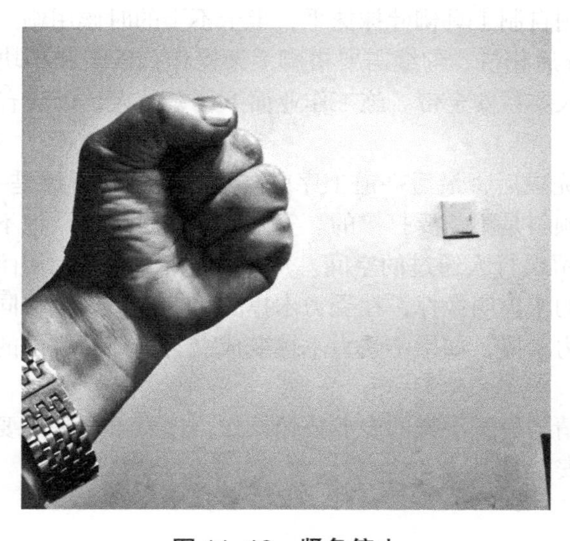

图 11–13　紧急停止

现代掇山也采用钢管搭脚手架的方法，可以吊装山石，大大提高掇山的安全性。

3. 垫捶、打撑和捆绑固定

垫捶是对平起垂直堆叠假山作固定的一种方法。从放第一块石头时就离不开垫刹，垫刹的好坏直接影响整座假山的质量和安全。垫刹用到的刹片质地要坚固、和假山同一质地、契型。忌选用三角形、菱形和蛋形的刹片。当假山石被放到位并静止不动后（一人扶稳假山石），其余工人再垫刹稳固假山石。手持刹片的准确动作应该是拿住或者捏住刹片石的左右两边，再塞进空隙处，如果上下拿捏再塞进空隙处极有可能会压到手指。大型假山或者超高假山的垫刹必须和灌浆、相拼组合进行，切忌连续干叠。

打撑是对悬挑部分假山石做固定的手段。木撑、竹撑、钢管都可以使用。撑的上部受力点要精准，尽量2根木支撑一个点，2根木撑下部成八字分开。这样的好处是上部的一个支撑点不会左右晃动。一块悬挑石头的固定主要还是靠后半身的重力压住。

水平状的悬挑假山石靠压靠撑，竖纹状的假山石除了压、撑，还要用绳索或者铁丝捆扎。把假山石牢牢地固定在较大的、重心稳定的主体上并灌浆，使悬挑部分和主体完全结合。此类手法最早最多地应用在英石假山的竖纹堆叠上。

4. 灌浆、找平

不灌浆的假山堆叠叫冷叠或干叠，此类操作在小型的拼峰和余脉或花坛驳岸中可以施工，一般高度不应该超过2m。如此施工危险性较大，不是熟练的老师傅切勿这样做！正常规范的做法是堆叠一层或二层后，在空隙部位填上毛石或者造型不好的假山石，在假山的外围初步拼接大的空隙，然后灌浆，使几块或更多块假山石结合为一体。

在灌浆完成后对高低不平的表面做找平处理。灌浆和找平在同一道工序中完成，找平是为了后一道堆叠更方便和精准摆放，黄石假山尤其重要。

5. 相拼、勾缝

相拼、勾缝是假山堆叠过程中的倒数第二道工序。目的都是为了假山表面更完整和美观，其粘结用材是水泥砂浆。石与石之间的缝隙有横有竖，将带有风化面的假山石根据造型需要进行相补，该留洞和留缝都要在能使假山更牢固的前提下进行。把相拼后大大小小的缝用砂浆喂饱，并用自制工具柳叶抹抹平，半干不干的时候用刷子带水刷光，使整座假山连成一体。超过2m后相拼、勾缝需要搭脚手架操作。砂浆和小块石的传递最好有专人负责，脚手架上的工人要系安全带。施工作业面下严禁站人，以防有东西掉落。

6. 拆撑、拆脚手

当上面所有工序完成后，最后一道工序就是清理现场。拆撑是一项非常危险的工作，因为假山石不悬挑不倾斜是不需要打撑的。安全的做法是替换。把不受力的撑先移走，使操作面变得空旷以便留出行人通过的空间。从外往里依次拆撑（山洞），留下最受力的最后拆，拆最后受力大的木撑叫换撑，在受力木撑的边上重新放一根同样大小的木撑，移掉受力木撑，检查不受力木撑，如果不受力木撑变成受力，那么假山的重心出现问题，就需要找出原因进行补救。

拆除脚手架必须请搭建脚手架的专业公司操作。注意事项是不要擦碰已经做好的假山成品，工人需要佩戴安全带。

11.1.3　各类山型堆叠时的质量和安全知识

1. 厅山

厅山是整座园林中体积最大的假山。对应于园林中最大的建筑厅或者堂，要做到大气磅礴、层次分明、布局清晰。主峰、次峰、配峰、余脉，山中安排峡谷、山洞、瀑布、登山道。大小树穴遍布，整座假山可远观可近玩，郁郁葱葱，有着澎湃的生命力。

施工前制作模型，修改图纸中不合理的部分，理顺各个内容的比例关系。可以把模型当作施工图纸使用，也是完工后造型验收的标准。

施工中时刻要把握住总体造型，处理好每一块假山石的纹理，组合整座假山的纹理和山势走向。主次配的定位、高度严格按图施工，参照模型比例调整。组织好施工程序，假山石堆放，预留吊车停车位置，并预留各工种的错位施工空间。

2. 壁山、轩山、云梯

在处理园林中既高又长的白墙时往往会用花窗和镶嵌碑刻，也用绿化处理，最有效也是最好看的是用假山石做峭壁山。白墙为纸，山石奇树为墨，堆出一幅山水长卷。

布局类似厅山，主次配余脉一样不少。主峰贴墙而起，配峰次峰必须离墙而设，既增加层次又留出树穴。壁山布置山洞峡谷，人不可靠近玩。可以做瀑布水池，增加画面动感。

轩山和云梯在这里归纳为各个小庭院内的主体假山，如书房的斋山等。此类假山在布局上没有严格的主次配之分，由于空间的狭小，在画理中是高远或深远布局。以细腻和灵巧为主，可以一峰突兀而起，也可蜿蜒曲折一池清水配以独峰组合。

壁山、轩山、云梯这类假山都是存在于小空间，场地小、施工难度大、短驳困难，所以尽量机械施工。在半人工半机械施工的时候尽量用满堂脚手架加二三个手拉葫芦施工，这样吊装方便、落点准确。小空间里施工，队伍宜精不宜多，没有抢工期的条件。

3. 立峰

一是做好峰石基础（视峰石大小，按比例抬起一定的高度），灌浆牢固后开始立峰。机械或半机械施工同理，找准重心打扣起吊，扣结在峰顶。如果峰石重心不准偏差不太大，不要放倒重做，可以多挂一个手拉葫芦（吊车施工可以大小钩同时运用），在峰石腰身以下部位找到校准点用第二条绳慢慢校准重心，移到基础上，再慢慢放下峰石。

二是当峰石的第一落点着地后停止动作，垫第一块刹片，然后下一点绳，此时峰石会向某一个方向倾斜，这时候垫好第二块刹片（在倾斜方向）。峰石的底部有三个受力点，因为三点受力较稳定，所以这时候松开绳子峰石就能稳稳地矗立了。

三是不要完全解开绳子，把其余的空隙垫刹再打撑。峰石彻底稳定后，通过人力摇晃一下。若峰石不动则可完全松开绳子，在底部灌浆、相拼、勾缝。几天后拆木撑完成。注意事项：打绳扣时重心必须扣准。起吊时小心不要磕碰折断峰石。峰石竖直后主观赏面必须转到需要的位置才下绳固定。

4. 山洞、峡谷、悬崖和峭壁、瀑布、跌水、溪流、驳岸、花坛

（1）山洞

做山洞石室最容易出现安全事故，每一道工序都危机重重。山洞内空间狭小，不是熟练工人千万不要参与施工。现在的山洞堆叠都采用环带法（也叫拱券法或穹隆顶），所以施工过程中木撑特别多。相拼工序开始时要拆掉一部分木撑，但又会多出相拼的小木撑。勾缝工序开始时会拆掉大部分木撑，留下几根最受力的木撑。在山洞内操作的人员请勿触碰身边的任何一根木撑。

（2）峡谷

一般出现在大型山体中，它穿山而过，渊、涧形式相同但和水相伴。峡、谷、渊、涧施工时要注意它们曲折的走向和道路宽窄的变化。往往图纸上表达得比较简单，在较直的路段常常设置悬崖、瀑布、溪流，使压抑的山道变得活泼和灵动。施工安全等级低于山洞，但远远高于一般山体，且峡谷施工同样回旋余地狭小，施工时木撑林立，这一点和山洞施工相似。

（3）悬崖和峭壁

以悬挑为目标，根部重压使重心后移为手段。施工的第一要素是悬挑的石头要坚固结实；其次后压的配重石要足够。超过人体视线的悬挑石应把好看的一面朝下，挑出的一头要渐渐往外倾斜。悬崖完成后的效果不应该和山体成90°角。应该是30°、60°、90°的渐变过程。悬挑距离和山体高度、悬挑石材硬度呈正比，借助目前的施工条件和新颖的材料做出险而不危的悬崖峭壁不是难事。

悬崖的施工最容易出质量事故。堆叠过程是选石、堆叠悬挑、打撑、后压、灌浆找平，再重复上述步骤，每一道工序不能出一点差错。每一块石头都要错缝摆放，空隙处灌浆严实，使悬崖和山体成一个整体。

（4）瀑布、跌水、溪流

瀑布是人为地将水提升到一定的高度，让水自然流淌的过程（图11-14）。期间最容易出现的质量事故是渗水。瀑布往往和悬崖组合。在受力不均匀的条件下保证水池和假山基础不开裂是第一要素，水池和溪水流淌过的地方的防水处理必须到位。

图11-14 跌水

瀑布的形式可以一字瀑、人字瀑、多叠瀑，跌水更要走曲线并翻出白色的水花，溪流就要静静地流淌，总之不要“一泄到底”。

（5）驳岸和花坛

驳岸是对水池壁的包裹和伪装，模仿自然山体中被水流冲击而成的低洼地。成功的水池驳岸应该和假山结为一体，是假山的延伸。池壁也有高低错落，低处只到水面，让土和草坪直接亲水。高处可以做出山的余脉，布局更迂回曲折。水矶、汀步穿插其间。水有来源（瀑布），有去处（暗洞）；池壁忌平面规则，高低统一。花坛也是同样的道理；花坛的变化比驳岸多，可以二层，可以多层，立面更丰富，处理的平面更大。

驳岸花坛比山体要简单，施工要方便，但是质量和安全也不能马虎。假山虽然不高，但基础一定要做好。

小品、过渡和衔接：设计图纸往往会遗漏节点和节点间的过渡，各种死角的设计。一个合格的假山师傅最起码要有大局观，新建园林中的边角、死角都要用各种方法处理。何处以假山为主，何处以绿化为主题，查漏补缺。方案考虑成熟，并与设计师、业主商量确定后开始施工。合格的假山师傅也是绿化工，了解喜阳植物、耐旱植物、岩生植物，了解假山的某个部位栽种何种植物。

隔断围墙的侧立面、走廊的尽头、各种道路的入口、蹬道的侧立面、土坡太斜等在施工完成后会感觉不顺或有缺陷。最好的方法是点缀几块假山石帮其收头过渡。大树下空旷单调，也可以用点石处理。

11.2　假山施工人员的安全知识

假山施工安全主要是指掇山人员的安全，掇山人员主要有一线现场指挥的把作师傅和一线假山工人。

把作师傅也就是堆山的指挥人员，具有唯一性。一座假山的完成从业主的要求、设计师的意图到假山师傅的具体实施，要一气呵成。放底层假山的时候从纹理到造型要能够呼应中层的假山，同样放中层的假山时应提前考虑结顶的造型。

堆叠假山是一项创造性劳动。堆好一座假山必须劳心劳力，亲力亲为。业主要求设计师意图都是概念。由于每一块假山石的造型不同，在制作过程中时刻都在调整，在概念不变的前提下，尽可能接近业主和设计意图。尽量做到符合自然界的造山原理、山脉走向、纹理统一。

把作师傅要独立完成一座假山，必须要有 5 年以上的从业经历，从勾缝、相拼、垫刹做起。当然最好经过专业培训，有绘画基础，懂得画面布局。有空间概念，更要有大局眼光（明白自己所做的假山在整个庭院中所占比例和大小高低）。以上只是对把作师傅的素质要求。

把作师傅要有高度的责任心和安全意识，对力学和力的传递力的分解要理解透彻，对重心和物体的倾覆要有理论上的认识。要对全班组人员安全负责。要对假山石风化和水泥寿命有正确的认识，要一块石头的选择到起吊安装做到全过程可控。

假山工人在上岗前必须进行专业培训，尤其安全生产施工培训。各工种分工明确，拴绳的和垫刹的在石头吊装过程中视线不能离石头，要聚精会神，落地安装上前垫刹时看好退路，站立在安全位置。全体假山工上岗时必须穿胶鞋、戴安全帽。高空作业时戴安全带。

11.3　假山安全用电知识

11.3.1　安全用电知识

1. 假山安全用电的基本原则

塑石假山的用电程度大于一般传统堆叠假山，在假山施工中，涉及安全用电，必须注意：

（1）防止电流经由身体的任何部位通过；

（2）限制可能流经人体的电流，使之小于电击电流；

（3）在故障情况下，触及外露可导电部分时，可能引起流经人体的电流等于或大于电击电流时，能在规定时间内自动切断电源；

（4）正常工作时的热效应防护，应使所在场所不会发生地热或电弧引起的可燃物燃烧或使人遭受灼烧的危险。

2. 电击防护的基本措施

在假山施工用电中，必须注意：

（1）直接接触防护应选用绝缘、屏护、安全距离、限制放电能量24V及以下安全特低电压，用漏电保护器作补充保护或间接接触防护的一种或几种措施；

（2）间接接触防护应选用双重绝缘结构、安全特低电压、电气隔离，不接地的局部等电位连接，不导电场所，自动断开电源，电工用个体防护用品或保护接地（与其他防护措施配合使用）的一种或几种措施。

11.3.2　主要手动工具的安全使用

在假山施工中，会涉及各种工具，使用的工具必须是正式厂家生产的合格产品。使用工具的人员，必须熟悉掌握所使用工具的性能、特点，使用、保管、维修及保养方法，使用前必须对工具进行检查。严禁使用腐蚀、变形、松动、有故障、破损等不合格工具。工具在使用中不得进行快速修理。带有牙口、刃口尖锐的工具及转动部分应有防护装置。

11.3.3　安全使用带电工具

在假山施工中，如使用带电工具，必须在使用前仔细阅读说明书。有一些工具使用不同的刀片，应挑出正确的，并检查是否安装得当。在空气湿度大或潮湿的环境，不要使用电动园艺工具。工具的电源插头插在户外插座上，并确定插座与室内的断路开关连接在一起，而且应该使用三相插座。

第12章　与假山安全生产有关的法律法规

12.1　《中华人民共和国安全生产法》（节选）

第一章 总　则

第二条　在中华人民共和国领域内从事生产经营活动的单位（以下统称生产经营单位）的安全生产，适用本法；有关法律、行政法规对消防安全和道路交通安全、铁路交通安全、水上交通安全、民用航空安全以及核与辐射安全、特种设备安全另有规定的，适用其规定。

第三条　安全生产工作应当以人为本，坚持安全发展，坚持安全第一、预防为主、综合治理的方针，强化和落实生产经营单位的主体责任，建立生产经营单位负责、职工参与、政府监管、行业自律和社会监督的机制。

第四条　生产经营单位必须遵守本法和其他有关安全生产的法律、法规，加强安全生产管理，建立、健全安全生产责任制和安全生产规章制度，改善安全生产条件，推进安全生产标准化建设，提高安全生产水平，确保安全生产。

第五条　生产经营单位的主要负责人对本单位的安全生产工作全面负责。

第六条　生产经营单位的从业人员有依法获得安全生产保障的权利，并应当依法履行安全生产方面的义务。

第七条　工会依法对安全生产工作进行监督。生产经营单位的工会依法组织职工参加本单位安全生产工作的民主管理和民主监督，维护职工在安全生产方面的合法权益。生产经营单位制定或者修改有关安全生产的规章制度，应当听取工会的意见。

第十四条　国家实行生产安全事故责任追究制度，依照本法和有关法律、法规的规定，追究生产安全事故责任人员的法律责任。

第三章　从业人员的安全生产权利义务

第四十九条　生产经营单位与从业人员订立的劳动合同，应当载明有关保障从业人员劳动安全、防止职业危害的事项，以及依法为从业人员办理工伤保险的事项。

生产经营单位不得以任何形式与从业人员订立协议，免除或者减轻其对从业人员因生产安全事故伤亡依法应承担的责任。

第五十条　生产经营单位的从业人员有权了解其作业场所和工作岗位存在的危险因素、防范措施及事故应急措施，有权对本单位的安全生产工作提出建议。

第五十一条　从业人员有权对本单位安全生产工作中存在的问题提出批评、检举、控告；有权拒绝违章指挥和强令冒险作业。

生产经营单位不得因从业人员对本单位安全生产工作提出批评、检举、控告或者拒绝违章指挥、强令冒险作业而降低其工资、福利等待遇或者解除与其订立的劳动合同。

第五十二条 从业人员发现直接危及人身安全的紧急情况时，有权停止作业或者在采取可能的应急措施后撤离作业场所。

生产经营单位不得因从业人员在前款紧急情况下停止作业或者采取紧急撤离措施而降低其工资、福利等待遇或者解除与其订立的劳动合同。

第五十三条 因生产安全事故受到损害的从业人员，除依法享有工伤保险外，依照有关民事法律尚有获得赔偿的权利的，有权向本单位提出赔偿要求。

第五十四条 从业人员在作业过程中，应当严格遵守本单位的安全生产规章制度和操作规程，服从管理，正确佩戴和使用劳动防护用品。

第五十五条 从业人员应当接受安全生产教育和培训，掌握本职工作所需的安全生产知识，提高安全生产技能，增强事故预防和应急处理能力。

第五十六条 从业人员发现事故隐患或者其他不安全因素，应当立即向现场安全生产管理人员或者本单位负责人报告；接到报告的人员应当及时予以处理。

第五十七条 工会有权对建设项目的安全设施与主体工程同时设计、同时施工、同时投入生产和使用进行监督，提出意见。

工会对生产经营单位违反安全生产法律、法规，侵犯从业人员合法权益的行为，有权要求纠正；发现生产经营单位违章指挥、强令冒险作业或者发现事故隐患时，有权提出解决的建议，生产经营单位应当及时研究答复；发现危及从业人员生命安全的情况时，有权向生产经营单位建议组织从业人员撤离危险场所，生产经营单位必须立即作出处理。

工会有权依法参加事故调查，向有关部门提出处理意见，并要求追究有关人员的责任。

第五十八条 生产经营单位使用被派遣劳动者的，被派遣劳动者享有本法规定的从业人员的权利，并应当履行本法规定的从业人员的义务。

第五章 生产安全事故的应急救援与调查处理

第七十八条 生产经营单位应当制定本单位生产安全事故应急救援预案，与所在地县级以上地方人民政府组织制定的生产安全事故应急救援预案相衔接，并定期组织演练。

第七十九条 危险物品的生产、经营、储存单位以及矿山、金属冶炼、城市轨道交通运营、建筑施工单位应当建立应急救援组织；生产经营规模较小的，可以不建立应急救援组织，但应当指定兼职的应急救援人员。

危险物品的生产、经营、储存、运输单位以及矿山、金属冶炼、城市轨道交通运营、建筑施工单位应当配备必要的应急救援器材、设备和物资，并进行经常性维护、保养，保证正常运转。

第八十条 生产经营单位发生生产安全事故后，事故现场有关人员应当立即报告本单位负责人。

单位负责人接到事故报告后，应当迅速采取有效措施，组织抢救，防止事故扩大，减少人员伤亡和财产损失，并按照国家有关规定立即如实报告当地负有安全生产监督管理职责的部门，不得隐瞒不报、谎报或者迟报，不得故意破坏事故现场、毁灭有关证据。

第八十二条　有关地方人民政府和负有安全生产监督管理职责的部门的负责人接到生产安全事故报告后，应当按照生产安全事故应急救援预案的要求立即赶到事故现场，组织事故抢救。

参与事故抢救的部门和单位应当服从统一指挥，加强协同联动，采取有效的应急救援措施，并根据事故救援的需要采取警戒、疏散等措施，防止事故扩大和次生灾害的发生，减少人员伤亡和财产损失。

事故抢救过程中应当采取必要措施，避免或者减少对环境造成的危害。

任何单位和个人都应当支持、配合事故抢救，并提供一切便利条件。

第八十三条　事故调查处理应当按照科学严谨、依法依规、实事求是、注重实效的原则，及时、准确地查清事故原因，查明事故性质和责任，总结事故教训，提出整改措施，并对事故责任者提出处理意见。事故调查报告应当依法及时向社会公布。事故调查和处理的具体办法由国务院制定。

事故发生单位应当及时全面落实整改措施，负有安全生产监督管理职责的部门应当加强监督检查。

第八十四条　生产经营单位发生生产安全事故，经调查确定为责任事故的，除了应当查明事故单位的责任并依法予以追究外，还应当查明对安全生产的有关事项负有审查批准和监督职责的行政部门的责任，对有失职、渎职行为的，依照本法第八十七条的规定追究法律责任。

第八十五条　任何单位和个人不得阻挠和干涉对事故的依法调查处理。

第六章　法 律 责 任

第一百零二条　生产经营单位有下列行为之一的，责令限期改正，可以处五万元以下的罚款，对其直接负责的主管人员和其他直接责任人员可以处一万元以下的罚款；逾期未改正的，责令停产停业整顿；构成犯罪的，依照刑法有关规定追究刑事责任：

（一）生产、经营、储存、使用危险物品的车间、商店、仓库与员工宿舍在同一座建筑内，或者与员工宿舍的距离不符合安全要求的；

（二）生产经营场所和员工宿舍未设有符合紧急疏散需要、标志明显、保持畅通的出口，或者锁闭、封堵生产经营场所或者员工宿舍出口的。

第一百零三条　生产经营单位与从业人员订立协议，免除或者减轻其对从业人员因生产安全事故伤亡依法应承担的责任的，该协议无效；对生产经营单位的主要负责人、个人经营的投资人处二万元以上十万元以下的罚款。

第一百零四条　生产经营单位的从业人员不服从管理，违反安全生产规章制度或者操作规程的，由生产经营单位给予批评教育，依照有关规章制度给予处分；构成犯罪的，依照刑法有关规定追究刑事责任。

第一百一十一条　生产经营单位发生生产安全事故造成人员伤亡、他人财产损失的，应当依法承担赔偿责任；拒不承担或者其负责人逃匿的，由人民法院依法强制执行。

生产安全事故的责任人未依法承担赔偿责任，经人民法院依法采取执行措施后，仍不能对受害人给予足额赔偿的，应当继续履行赔偿义务；受害人发现责任人有其他财产的，可以随时请求人民法院执行。

12.2 《中华人民共和国建筑法》（节选）

第五章 建筑安全生产管理

第三十六条 建筑工程安全生产管理必须坚持安全第一、预防为主的方针，建立健全安全生产的责任制度和群防群治制度。

第三十七条 建筑工程设计应当符合按照国家规定制定的建筑安全规程和技术规范，保证工程的安全性能。

第三十八条 建筑施工企业在编制施工组织设计时，应当根据建筑工程的特点制定相应的安全技术措施；对专业性较强的工程项目，应当编制专项安全施工组织设计，并采取安全技术措施。

第三十九条 建筑施工企业应当在施工现场采取维护安全、防范危险、预防火灾等措施；有条件的，应当对施工现场实行封闭管理。

施工现场对毗邻的建筑物、构筑物和特殊作业环境可能造成损害的，建筑施工企业应当采取安全防护措施。

第四十条 建设单位应当向建筑施工企业提供与施工现场相关的地下管线资料，建筑施工企业应当采取措施加以保护。

第四十一条 建筑施工企业应当遵守有关环境保护和安全生产的法律、法规的规定，采取控制和处理施工现场的各种粉尘、废气、废水、固体废物以及噪声、振动对环境的污染和危害的措施。

第四十四条 建筑施工企业必须依法加强对建筑安全生产的管理，执行安全生产责任制度，采取有效措施，防止伤亡和其他安全生产事故的发生。

建筑施工企业的法定代表人对本企业的安全生产负责。

第四十五条 施工现场安全由建筑施工企业负责。实行施工总承包的，由总承包单位负责。分包单位向总承包单位负责，服从总承包单位对施工现场的安全生产管理。

第四十六条 建筑施工企业应当建立健全劳动安全生产教育培训制度，加强对职工安全生产的教育培训；未经安全生产教育培训的人员，不得上岗作业。

第四十七条 建筑施工企业和作业人员在施工过程中，应当遵守有关安全生产的法律、法规和建筑行业安全规章、规程，不得违章指挥或者违章作业。作业人员有权对影响人身健康的作业程序和作业条件提出改进意见，有权获得安全生产所需的防护用品。作业人员对危及生命安全和人身健康的行为有权提出批评、检举和控告。

第四十八条 建筑施工企业应当依法为职工参加工伤保险缴纳工伤保险费。鼓励企业为从事危险作业的职工办理意外伤害保险，支付保险费。

第四十九条 涉及建筑主体和承重结构变动的装修工程，建设单位应当在施工前委托原设计单位或者具有相应资质条件的设计单位提出设计方案；没有设计方案的，不得施工。

第五十条 房屋拆除应当由具备保证安全条件的建筑施工单位承担，由建筑施工单位负责人对安全负责。

第五十一条 施工中发生事故时，建筑施工企业应当采取紧急措施减少人员伤亡和事故损失，并按照国家有关规定及时向有关部门报告。

12.3 《中华人民共和国消防法》（节选）

第一章　总　则

第二条　消防工作贯彻预防为主、防消结合的方针，按照政府统一领导、部门依法监管、单位全面负责、公民积极参与的原则，实行消防安全责任制，建立健全社会化的消防工作网络。

第五条　任何单位和个人都有维护消防安全、保护消防设施、预防火灾、报告火警的义务。任何单位和成年人都有参加有组织的灭火工作的义务。

第六条　各级人民政府应当组织开展经常性的消防宣传教育，提高公民的消防安全意识。

机关、团体、企业、事业等单位，应当加强对本单位人员的消防宣传教育。

第二章　火灾预防

第九条　建设工程的消防设计、施工必须符合国家工程建设消防技术标准。建设、设计、施工、工程监理等单位依法对建设工程的消防设计、施工质量负责。

第十条　对按照国家工程建设消防技术标准需要进行消防设计的建设工程，实行建设工程消防设计审查验收制度。

第十一条　国务院住房和城乡建设主管部门规定的特殊建设工程，建设单位应当将消防设计文件报送住房和城乡建设主管部门审查，住房和城乡建设主管部门依法对审查的结果负责。

前款规定以外的其他建设工程，建设单位申请领取施工许可证或者申请批准开工报告时应当提供满足施工需要的消防设计图纸及技术资料。

第十二条　特殊建设工程未经消防设计审查或者审查不合格的，建设单位、施工单位不得施工；其他建设工程，建设单位未提供满足施工需要的消防设计图纸及技术资料的，有关部门不得发放施工许可证或者批准开工报告。

第十三条　国务院住房和城乡建设主管部门规定应当申请消防验收的建设工程竣工，建设单位应当向住房和城乡建设主管部门申请消防验收。

前款规定以外的其他建设工程，建设单位在验收后应当报住房和城乡建设主管部门备案，住房和城乡建设主管部门应当进行抽查。

依法应当进行消防验收的建设工程，未经消防验收或者消防验收不合格的，禁止投入使用；其他建设工程经依法抽查不合格的，应当停止使用。

第十六条　机关、团体、企业、事业等单位应当履行下列消防安全职责：

（一）落实消防安全责任制，制定本单位的消防安全制度、消防安全操作规程，制定灭火和应急疏散预案；

（二）按照国家标准、行业标准配置消防设施、器材，设置消防安全标志，并定期组织检验、维修，确保完好有效；

（三）对建筑消防设施每年至少进行一次全面检测，确保完好有效，检测记录应当完整准确，存档备查；

（四）保障疏散通道、安全出口、消防车通道畅通，保证防火防烟分区、防火间距符合消防技术标准；

（五）组织防火检查，及时消除火灾隐患；

（六）组织进行有针对性的消防演练；

（七）法律、法规规定的其他消防安全职责。

单位的主要负责人是本单位的消防安全责任人。

第二十六条 建筑构件、建筑材料和室内装修、装饰材料的防火性能必须符合国家标准；没有国家标准的，必须符合行业标准。

人员密集场所室内装修、装饰，应当按照消防技术标准的要求，使用不燃、难燃材料。

第二十七条 电器产品、燃气用具的产品标准，应当符合消防安全的要求。

电器产品、燃气用具的安装、使用及其线路、管路的设计、敷设、维护保养、检测，必须符合消防技术标准和管理规定。

第二十八条 任何单位、个人不得损坏、挪用或者擅自拆除、停用消防设施、器材，不得埋压、圈占、遮挡消火栓或者占用防火间距，不得占用、堵塞、封闭疏散通道、安全出口、消防车通道。人员密集场所的门窗不得设置影响逃生和灭火救援的障碍物。

第四章 灭火救援

第四十四条 任何人发现火灾都应当立即报警。任何单位、个人都应当无偿为报警提供便利，不得阻拦报警。严禁谎报火警。

人员密集场所发生火灾，该场所的现场工作人员应当立即组织、引导在场人员疏散。

任何单位发生火灾，必须立即组织力量扑救。邻近单位应当给予支援。

消防队接到火警，必须立即赶赴火灾现场，救助遇险人员，排除险情，扑灭火灾。

第五十条 对因参加扑救火灾或者应急救援受伤、致残或者死亡的人员，按照国家有关规定给予医疗、抚恤。

12.4 《中华人民共和国突发事件应对法》（节选）

第四章 应急处置与救援

第五十六条 受到自然灾害危害或者发生事故灾难、公共卫生事件的单位，应当立即组织本单位应急救援队伍和工作人员营救受害人员，疏散、撤离、安置受到威胁的人员，控制危险源，标明危险区域，封锁危险场所，并采取其他防止危害扩大的必要措施，同时向所在地县级人民政府报告；对因本单位的问题引发的或者主体是本单位人员的社会安全事件，有关单位应当按照规定上报情况，并迅速派出负责人赶赴现场开展劝解、疏导工作。

突发事件发生地的其他单位应当服从人民政府发布的决定、命令，配合人民政府采取的应急处置措施，做好本单位的应急救援工作，并积极组织人员参加所在地的应急救援和处置工作。

第五十七条 突发事件发生地的公民应当服从人民政府、居民委员会、村民委员会或者所属单位的指挥和安排，配合人民政府采取的应急处置措施，积极参加应急救援工作，协助维护社会秩序。

第六章 法律责任

第六十四条 有关单位有下列情形之一的，由所在地履行统一领导职责的人民政府责令停产停业，暂扣或者吊销许可证或者营业执照，并处五万元以上二十万元以下的罚款；构成违反治安管理行为的，由公安机关依法给予处罚：

（一）未按规定采取预防措施，导致发生严重突发事件的；

（二）未及时消除已发现的可能引发突发事件的隐患，导致发生严重突发事件的；

（三）未做好应急设备、设施日常维护、检测工作，导致发生严重突发事件或者突发事件危害扩大的；

（四）突发事件发生后，不及时组织开展应急救援工作，造成严重后果的。

前款规定的行为，其他法律、行政法规规定由人民政府有关部门依法决定处罚的，从其规定。

第六十五条 违反本法规定，编造并传播有关突发事件事态发展或者应急处置工作的虚假信息，或者明知是有关突发事件事态发展或者应急处置工作的虚假信息而进行传播的，责令改正，给予警告；造成严重后果的，依法暂停其业务活动或者吊销其执业许可证；负有直接责任的人员是国家工作人员的，还应当对其依法给予处分；构成违反治安管理行为的，由公安机关依法给予处罚。

第六十六条 单位或者个人违反本法规定，不服从所在地人民政府及其有关部门发布的决定、命令或者不配合其依法采取的措施，构成违反治安管理行为的，由公安机关依法给予处罚。

第六十七条 单位或者个人违反本法规定，导致突发事件发生或者危害扩大，给他人人身、财产造成损害的，应当依法承担民事责任。

12.5 《生产安全事故报告和调查处理条例》（节选）

第一章 总 则

第二条 生产经营活动中发生的造成人身伤亡或者直接经济损失的生产安全事故的报告和调查处理，适用本条例；环境污染事故、核设施事故、国防科研生产事故的报告和调查处理不适用本条例。

第三条 根据生产安全事故（以下简称事故）造成的人员伤亡或者直接经济损失，事故一般分为以下等级：

（一）特别重大事故，是指造成30人以上死亡，或者100人以上重伤（包括急性工业中毒，下同），或者1亿元以上直接经济损失的事故；

（二）重大事故，是指造成10人以上30人以下死亡，或者50人以上100人以下重伤，或者5000万元以上1亿元以下直接经济损失的事故；

（三）较大事故，是指造成3人以上10人以下死亡，或者10人以上50人以下重伤，或者1000万元以上5000万元以下直接经济损失的事故；

（四）一般事故，是指造成3人以下死亡，或者10人以下重伤，或者1000万元以下直接经济损失的事故。

国务院安全生产监督管理部门可以会同国务院有关部门，制定事故等级划分的补充性规定。

本条第一款所称的“以上”包括本数，所称的“以下”不包括本数。

第六条 工会依法参加事故调查处理，有权向有关部门提出处理意见。

第七条 任何单位和个人不得阻挠和干涉对事故的报告和依法调查处理。

第八条 对事故报告和调查处理中的违法行为，任何单位和个人有权向安全生产监督管理部门、监察机关或者其他有关部门举报，接到举报的部门应当依法及时处理。

第二章 事故报告

第九条 事故发生后，事故现场有关人员应当立即向本单位负责人报告；单位负责人接到报告后，应当于1小时内向事故发生地县级以上人民政府安全生产监督管理部门和负有安全生产监督管理职责的有关部门报告。

情况紧急时，事故现场有关人员可以直接向事故发生地县级以上人民政府安全生产监督管理部门和负有安全生产监督管理职责的有关部门报告。

第十二条 报告事故应当包括下列内容：

（一）事故发生单位概况；

（二）事故发生的时间、地点以及事故现场情况；

（三）事故的简要经过；

（四）事故已经造成或者可能造成的伤亡人数（包括下落不明的人数）和初步估计的直接经济损失；

（五）已经采取的措施；

（六）其他应当报告的情况。

第十三条 事故报告后出现新情况的，应当及时补报。

自事故发生之日起30日内，事故造成的伤亡人数发生变化的，应当及时补报。道路交通事故、火灾事故自发生之日起7日内，事故造成的伤亡人数发生变化的，应当及时补报。

第十六条 事故发生后，有关单位和人员应当妥善保护事故现场以及相关证据，任何单位和个人不得破坏事故现场、毁灭相关证据。

因抢救人员、防止事故扩大以及疏通交通等原因，需要移动事故现场物件的，应当做出标志，绘制现场简图并做出书面记录，妥善保存现场重要痕迹、物证。

第五章 法律责任

第三十五条 事故发生单位主要负责人有下列行为之一的，处上一年年收入40%至

80%的罚款；属于国家工作人员的，并依法给予处分；构成犯罪的，依法追究刑事责任：

（一）不立即组织事故抢救的；

（二）迟报或者漏报事故的；

（三）在事故调查处理期间擅离职守的。

第三十六条　事故发生单位及其有关人员有下列行为之一的，对事故发生单位处100万元以上500万元以下的罚款；对主要负责人、直接负责的主管人员和其他直接责任人员处上一年年收入60%至100%的罚款；属于国家工作人员的，并依法给予处分；构成违反治安管理行为的，由公安机关依法给予治安管理处罚；构成犯罪的，依法追究刑事责任：

（一）谎报或者瞒报事故的；

（二）伪造或者故意破坏事故现场的；

（三）转移、隐匿资金、财产，或者销毁有关证据、资料的；

（四）拒绝接受调查或者拒绝提供有关情况和资料的；

（五）在事故调查中作伪证或者指使他人作伪证的；

（六）事故发生后逃匿的。

12.6 《工伤保险条例》（节选）

第一章　总　　则

第一条　为了保障因工作遭受事故伤害或者患职业病的职工获得医疗救治和经济补偿，促进工伤预防和职业康复，分散用人单位的工伤风险，制定本条例。

第二条　中华人民共和国境内的企业、事业单位、社会团体、民办非企业单位、基金会、律师事务所、会计师事务所等组织和有雇工的个体工商户（以下称用人单位）应当依照本条例规定参加工伤保险，为本单位全部职工或者雇工（以下称职工）缴纳工伤保险费。

中华人民共和国境内的企业、事业单位、社会团体、民办非企业单位、基金会、律师事务所、会计师事务所等组织的职工和个体工商户的雇工，均有依照本条例的规定享受工伤保险待遇的权利。

第三条　工伤保险费的征缴按照《社会保险费征缴暂行条例》关于基本养老保险费、基本医疗保险费、失业保险费的征缴规定执行。

第四条　用人单位应当将参加工伤保险的有关情况在本单位内公示。

用人单位和职工应当遵守有关安全生产和职业病防治的法律法规，执行安全卫生规程和标准，预防工伤事故发生，避免和减少职业病危害。

职工发生工伤时，用人单位应当采取措施使工伤职工得到及时救治。

第十条　用人单位应当按时缴纳工伤保险费。职工个人不缴纳工伤保险费。

用人单位缴纳工伤保险费的数额为本单位职工工资总额乘以单位缴费费率之积。

对难以按照工资总额缴纳工伤保险费的行业，其缴纳工伤保险费的具体方式，由国务院社会保险行政部门规定。

第十二条　工伤保险基金存入社会保障基金财政专户，用于本条例规定的工伤保险待遇，劳动能力鉴定，工伤预防的宣传、培训等费用，以及法律、法规规定的用于工伤保险的其他费用的支付。

工伤预防费用的提取比例、使用和管理的具体办法，由国务院社会保险行政部门会同国务院财政、卫生行政、安全生产监督管理等部门规定。

第三章 工伤认定

第十四条 职工有下列情形之一的，应当认定为工伤：

（一）在工作时间和工作场所内，因工作原因受到事故伤害的；

（二）工作时间前后在工作场所内，从事与工作有关的预备性或者收尾性工作受到事故伤害的；

（三）在工作时间和工作场所内，因履行工作职责受到暴力等意外伤害的；

（四）患职业病的；

（五）因工外出期间，由于工作原因受到伤害或者发生事故下落不明的；

（六）在上下班途中，受到非本人主要责任的交通事故或者城市轨道交通、客运轮渡、火车事故伤害的；

（七）法律、行政法规规定应当认定为工伤的其他情形。

第十五条 职工有下列情形之一的，视同工伤：

（一）在工作时间和工作岗位，突发疾病死亡或者在48小时之内经抢救无效死亡的；

（二）在抢险救灾等维护国家利益、公共利益活动中受到伤害的；

（三）职工原在军队服役，因战、因公负伤致残，已取得革命伤残军人证，到用人单位后旧伤复发的。

职工有前款第（一）项、第（二）项情形的，按照本条例的有关规定享受工伤保险待遇；职工有前款第（三）项情形的，按照本条例的有关规定享受除一次性伤残补助金以外的工伤保险待遇。

第十六条 职工符合本条例第十四条、第十五条的规定，但是有下列情形之一的，不得认定为工伤或者视同工伤：

（一）故意犯罪的；

（二）醉酒或者吸毒的；

（三）自残或者自杀的。

第十七条 职工发生事故伤害或者按照职业病防治法规定被诊断、鉴定为职业病，所在单位应当自事故伤害发生之日或者被诊断、鉴定为职业病之日起30日内，向统筹地区社会保险行政部门提出工伤认定申请。遇有特殊情况，经报社会保险行政部门同意，申请时限可以适当延长。

用人单位未按前款规定提出工伤认定申请的，工伤职工或者其直系亲属、工会组织在事故伤害发生之日或者被诊断、鉴定为职业病之日起1年内，可以直接向用人单位所在地统筹地区劳动保障行政部门提出工伤认定申请。

按照本条第一款规定应当由省级社会保险行政部门进行工伤认定的事项，根据属地原则由用人单位所在地的设区的市级社会保险行政部门办理。

用人单位未在本条第一款规定的时限内提交工伤认定申请，在此期间发生符合本条例规定的工伤待遇等有关费用由该用人单位负担。

第四章　劳动能力鉴定

第二十一条　职工发生工伤，经治疗伤情相对稳定后存在残疾、影响劳动能力的，应当进行劳动能力鉴定。

第二十二条　劳动能力鉴定是指劳动功能障碍程度和生活自理障碍程度的等级鉴定。

劳动功能障碍分为十个伤残等级，最重的为一级，最轻的为十级。

生活自理障碍分为三个等级：生活完全不能自理、生活大部分不能自理和生活部分不能自理。

劳动能力鉴定标准由国务院社会保险行政部门会同国务院卫生行政部门等部门制定。

第二十三条　劳动能力鉴定由用人单位、工伤职工或者其近亲属向设区的市级劳动能力鉴定委员会提出申请，并提供工伤认定决定和职工工伤医疗的有关资料。

第二十四条　省、自治区、直辖市劳动能力鉴定委员会和设区的市级劳动能力鉴定委员会分别由省、自治区、直辖市和设区的市级社会保险行政部门、卫生行政部门、工会组织、经办机构代表以及用人单位代表组成。

第五章　工伤保险待遇

第三十条　职工因工作遭受事故伤害或者患职业病进行治疗，享受工伤医疗待遇。

职工治疗工伤应当在签订服务协议的医疗机构就医，情况紧急时可以先到就近的医疗机构急救。

治疗工伤所需费用符合工伤保险诊疗项目目录、工伤保险药品目录、工伤保险住院服务标准的，从工伤保险基金支付。工伤保险诊疗项目目录、工伤保险药品目录、工伤保险住院服务标准，由国务院社会保险行政部门会同国务院卫生行政部门、食品药品监督管理部门等部门规定。

职工住院治疗工伤的伙食补助费，以及经医疗机构出具证明，报经办机构同意，工伤职工到统筹地区以外就医所需的交通、食宿费用从工伤保险基金支付，基金支付的具体标准由统筹地区人民政府规定。

工伤职工治疗非工伤引发的疾病，不享受工伤医疗待遇，按照基本医疗保险办法处理。

工伤职工到签订服务协议的医疗机构进行工伤康复的费用，符合规定的，从工伤保险基金支付。

第三十一条　社会保险行政部门作出认定为工伤的决定后发生行政复议、行政诉讼的，行政复议和行政诉讼期间不停止支付工伤职工治疗工伤的医疗费用。

第三十二条　工伤职工因日常生活或者就业需要，经劳动能力鉴定委员会确认，可以安装假肢、矫形器、假眼、假牙和配置轮椅等辅助器具，所需费用按照国家规定的标准从工伤保险基金支付。

第三十三条　职工因工作遭受事故伤害或者患职业病需要暂停工作接受工伤医疗的，在停工留薪期内，原工资福利待遇不变，由所在单位按月支付。

停工留薪期一般不超过 12 个月。伤情严重或者情况特殊，经设区的市级劳动能力鉴定委员会确认，可以适当延长，但延长不得超过12个月。工伤职工评定伤残等级后，停发原待遇，按照本章的有关规定享受伤残待遇。工伤职工在停工留薪期满后仍需治疗的，继续享受工伤医疗待遇。

生活不能自理的工伤职工在停工留薪期需要护理的，由所在单位负责。

第三十四条 工伤职工已经评定伤残等级并经劳动能力鉴定委员会确认需要生活护理的，从工伤保险基金按月支付生活护理费。

生活护理费按照生活完全不能自理、生活大部分不能自理或者生活部分不能自理3个不同等级支付，其标准分别为统筹地区上年度职工月平均工资的50%、40%或者30%。

第三十五条 职工因工致残被鉴定为一级至四级伤残的，保留劳动关系，退出工作岗位，享受以下待遇：

（一）从工伤保险基金按伤残等级支付一次性伤残补助金，标准为：一级伤残为27个月的本人工资，二级伤残为25个月的本人工资，三级伤残为23个月的本人工资，四级伤残为21个月的本人工资。

（二）从工伤保险基金按月支付伤残津贴，标准为：一级伤残为本人工资的90%，二级伤残为本人工资的85%，三级伤残为本人工资的80%，四级伤残为本人工资的75%。伤残津贴实际金额低于当地最低工资标准的，由工伤保险基金补足差额。

（三）工伤职工达到退休年龄并办理退休手续后，停发伤残津贴，按照国家规定享受基本养老保险待遇，基本养老保险待遇低于伤残津贴的由工伤保险基金补足差额。

职工因工致残被鉴定为一级至四级伤残的，由用人单位和职工个人以伤残津贴为基数，缴纳基本医疗保险费。

第三十六条 职工因工致残被鉴定为五级、六级伤残的，享受以下待遇：

（一）从工伤保险基金按伤残等级支付一次性伤残补助金，标准为：五级伤残为18个月的本人工资，六级伤残为16个月的本人工资；

（二）保留与用人单位的劳动关系，由用人单位安排适当工作。难以安排工作的，由用人单位按月发给伤残津贴，标准为：五级伤残为本人工资的70%，六级伤残为本人工资的60%，并由用人单位按照规定为其缴纳应缴纳的各项社会保险费。伤残津贴实际金额低于当地最低工资标准的，由用人单位补足差额。

经工伤职工本人提出，该职工可以与用人单位解除或者终止劳动关系，由工伤保险基金支付一次性工伤医疗补助金，由用人单位支付一次性伤残就业补助金。一次性工伤医疗补助金和一次性伤残就业补助金的具体标准由省、自治区、直辖市人民政府规定。

第三十七条 职工因工致残被鉴定为七级至十级伤残的，享受以下待遇：

（一）从工伤保险基金按伤残等级支付一次性伤残补助金，标准为：七级伤残为13个月的本人工资，八级伤残为11个月的本人工资，九级伤残为9个月的本人工资，十级伤残为7个月的本人工资；

（二）劳动、聘用合同期满终止，或者职工本人提出解除劳动、聘用合同的，由工伤保险基金支付一次性工伤医疗补助金，由用人单位支付一次性伤残就业补助金。一次性工伤医疗补助金和一次性伤残就业补助金的具体标准由省、自治区、直辖市人民政府规定。

第三十八条　工伤职工工伤复发，确认需要治疗的，享受本条例第三十条、第三十二条和第三十三条规定的工伤待遇。

第三十九条　职工因工死亡，其近亲属按照下列规定从工伤保险基金领取丧葬补助金、供养亲属抚恤金和一次性工亡补助金：

（一）丧葬补助金为 6 个月的统筹地区上年度职工月平均工资；

（二）供养亲属抚恤金按照职工本人工资的一定比例发给由因工死亡职工生前提供主要生活来源、无劳动能力的亲属。标准为：配偶每月 40%，其他亲属每人每月 30%，孤寡老人或者孤儿每人每月在上述标准的基础上增加 10%。核定的各供养亲属的抚恤金之和不应高于因工死亡职工生前的工资。供养亲属的具体范围由国务院社会保险行政部门规定；

（三）一次性工亡补助金标准为上一年度全国城镇居民人均可支配收入的 20 倍。

12.7　安全事故处理程序

12.7.1　事故发生及时报告

建筑施工现场发生伤亡事故后，负伤人员或最先发现事故的现场人员人应立即将事故概况（包括伤亡人数、发生事故的时间、地点、原因）等报告本单位工程项目经理部领导或安全技术人员，单位负责人接到报告后，应当于 1h 内向事故发生地县级以上人民政府安全生产监督管理部门和负有安全生产监督管理职责的有关部门报告，并有组织、有指挥地抢救伤员、排除险情。安全生产监督管理部门和负有安全生产监督管理职责的有关部门根据事故的严重程度和施工现场情况，用快速办法分别通知和报告当地公安机关、劳动部门、工会、人民检察院及上级主管部门。

12.7.2　发生事故后迅速抢救伤员并保护好事故现场

事故发生后，首先迅速采取必要措施抢救伤员和排除险情，预防事故的蔓延扩大。同时，为了调查事故、查清事故原因，必须保护好事故现场。因抢救负伤人员和排除险情而必须移动现场物件时，要进行录像、摄影或画清事故现场示意图，并做出标记。因为事故现场是提供有关物证的主要场所，是调查事故原因不可缺少的客观条件，所以要严加保护。要求现场各种物体的位置、颜色、形状及其物理、化学性质等尽可能保持事故发生时的状态。必须采取一切措施，防止人为或自然因素的破坏。

清理事故现场应在调查组确认现场取证完毕，并征得上级劳动安全监察部门、行业主管部门、公安部门、工会等同意后进行。不得借口恢复生产，擅自清理现场将现场破坏。

12.7.3　组织事故调查组

一般事故，由企业负责人或其指定人员组织生产、技术、安全等有关人员以及工会成员组成事故调查组。较大事故，由企业主管部门会同事故发生地的市（或者相当于设区的市一级）劳动安全监察、公安、工会组成的事故调查组对事故进行调查。重大事故，由省、自治区、直辖市主管部门或者国务院有关主管部门会同同级劳动部门、公安部门、监察部门、工会组成事故调查组，进行调查。根据事故性质，可邀请人民检察院派员参加或有关专家、工程技术人员进行鉴定。但与事故有直接利害关系的人员不得参加事故调查组。

12.7.4　现场勘察

在事故发生后，调查组必须到现场进行勘察。现场勘察是一项技术性很强的工作，涉及广泛的科学技术知识和实践经验，对事故的现场勘察必须及时、全面、细致、客观。现场勘察的主要内容有：

1. 作出笔录

发生事故的时间、地点、天气等；现场勘查人员的姓名、单位、职务；现场勘查起止时间、勘查过程；能量逸散所造成的破坏情况、状态、程度等；设备损坏或异常情况及事故前后的位置；事故发生前劳动组合、现场人员的位置和行动；散落情况；重要物证的特征、位置及检验情况等。

2. 现场拍照

方位拍照，反映事故现场在周围环境中的位置；全面拍照。反映事故现场各部分之间的联系；中心拍照，反映事故现场中心情况；细目拍照，揭示事故直接原因的痕迹物、致害物等。人体拍照，反映伤亡者主要受伤和造成死亡伤害部位。

3. 现场绘图

根据事故类别和规模以及调查工作的需要应绘出下列示意图：建筑物平面图、剖面图；事故时人员位置及疏散（活动）图；破坏物立体图或展开图；涉及范围图；设备或工、器具构造图等。

12.7.5　分析事故原因、确定事故性质

通过事故的调查，分析事故原因，总结教训，制定预防措施，避免类似事故的重复发生；确定事故性质，明确事故的责任人，为依法处理提供证据。

1. 查明事故经过，弄清造成事故的各种因素，包括人、物、生产管理和技术管理方面的问题，经过认真、客观、全面、细致、准确地分析，确定事故的性质和责任。

2. 事故分析步骤，首先整理和仔细阅读调查材料，按《企业职工工伤之事故分类标准》GB 6441—86 的要求录入，对受伤部位、受伤性质、起因物、致害物、伤害方法、不安全状态和不安全行为七项内容进行分析，确定直接原因、间接原因和事故责任者。

3. 分析事故原因时，应根据调查所确认的事实，从直接原因入手，逐步深入到间接原因。通过对直接原因和间接原因的分析，确定事故中的直接责任者和领导责任者，再根据其在事故发生过程中的作用，确定主要责任者。

4. 事故的性质，通常分为三类：

（1）责任事故，即由于人的过失造成的事故；

（2）非直接责任事故，即由于人们不能预见或不可抗拒的自然条件变化所造成的事故；或是在技术改造、发明创造、科学试验活动中，由于科学条件限制而发生的无法预料的事故。但是，能够预见并可采取措施加以避免的伤亡事故，或由于没有经过认真研究解

决技术问题而造成的事故，不能包括在内；

（3）破坏性事故，即为达到既定目的而故意制造的事故。对已确定为破坏性事故的，应由公安机关和企业保卫部门认真侦查破案、依法处理。

12.7.6　写出事故调查报告

事故调查组应着重把事故发生经过、原因、责任分析和处理意见以及本次事故教训和改进工作的建议等，按照《死亡、重伤事故调查报告书》规定内容逐项写出文字报告，经调查组全体人员签字后报批。如调查组内部意见有分歧，应在弄清楚事实的基础上，对照政策法规反复研究，统一认识。对于个别同志持有不同意见，允许保留，并在签字时写明自己的意见。事故调查报告提交期限为事故发生之日起 60 日内，特殊情况的，延长期限最长不超过 60 日。事故调查报告应当包括下列内容：

1. 事故发生单位概况；
2. 事故发生经过和事故救援情况；
3. 事故造成的人员伤亡和直接经济损失；
4. 事故发生的原因和事故性质；
5. 事故责任的认定以及对事故责任者的处理建议；
6. 事故防范和整改措施；
7. 事故的审理与结案。

参 考 文 献

[1]（明）计成原著．园冶注释［M］．陈植注释．北京：中国建筑工业出版社，1981.
[2]（明）文震亨原著．长物志［M］．陈植校注．南京：江苏科学技术出版社，1984.
[3]（清）李渔．闲情偶记［M］．杭州：浙江古籍出版社，1985.
[4]（清）李斗．扬州画舫录［M］．扬州：江苏广陵古籍刻印社，1984.
[5] 刘敦桢．苏州古典园林［M］．北京：中国建筑工业出版社，2005.
[6] 陈从周．说园［M］．书目文献出版社，1984.
[7] 陈从周．园林谈丛［M］．上海：上海文化出版社，1980.
[8] 曹讯．中国造园艺术［M］．北京：北京出版社，2019.
[9] 卜复鸣．园林散谈·假山［M］．北京：中国建筑工业出版社，2016.
[10] 孙俭争．古建筑假山［M］．北京：中国建筑工业出版社，2004.
[11] 苏州民族建筑学会，苏州园林发展股份有限公司．苏州古典园林营造录［M］．北京：中国建筑工业出版社，2003.
[12] 徐文涛．苏州假山［M］．上海：上海文化出版社，2000.
[13] 韩良顺．山石韩叠山技艺［M］．北京：中国建筑工业出版社，2010.
[14] 毛培琳，朱志红．中国园林假山［M］．北京：中国建筑工业出版社，2004.
[15] 方惠．叠石造山的理论与技法［M］．北京：中国建筑工业出版社，2005.
[16] 王劲韬．中国皇家园林叠山理论与技法［M］．北京：中国建筑工业出版社，2011.
[17] 王贵祥等．中韩古典园林概览［M］．北京：清华大学出版社，2013.
[18] 林方喜等．景观营造工程技术［M］．北京：化学工业出版社，2008.
[19] 卜复鸣．《园冶》与晚明苏州园林假山的实证研究［J］．建材世界，2014，35（03）：163-168.
[20] 贾钎楠．恭王府花园叠山研究［D］．北方工业大学，2016.
[21] 李建伟，王善甫．园林假山工程施工的细节分析［J］．建材与装饰，2017（32）：69-70.
[22] 黄忆彬等．浅析园林工程中假山施工质量控制［J］．建筑安全，2001，26（04）：35-37.
[23] 李双全，倪爱．华园林假山工程施工质量控制技术探讨［J］．商品与质量，2012（S3）：282+260.
[24] 徐培迪．浅谈假山施工的质量控制［J］．现代农业科学，2008，（06）：20-21.